Deutsche Feuerwehrfahrzeuge
seit 1990

Deutsche Feuerwehrfahrzeuge

seit 1990

Axel Johanßen

Inhalt

Ein Wort zuvor

Feuerwehrfahrzeuge üben seit jeher eine bemerkenswerte Ausstrahlung auf Menschen aus: sei es auf Kinder und Jugendliche, denen sie nicht zuletzt wegen Blaulicht und Sondersignal imponieren, auf erwachsene Verkehrsteilnehmer, die ihnen respektvoll »freie Fahrt« gewähren, sei es auf die Feuerwehrfrauen und -männer, die im täglichen Umgang mit »ihrem« Fahrzeug zu diesem eine gewisse Beziehung pflegen –, oder eben auf alle diejenigen, die sich als Modellbauer oder Fotofreunde aus Hobby und Liebhaberei damit befassen.

In diesem Buch soll die Vielzahl der heute aktuellen, modernen Fahrzeuge, die sich im Einsatz bei deutschen Feuerwehren befinden, im Überblick vorgestellt werden. Begriffe wie »modern« und »aktuell« bedürfen dabei zunächst der Beschreibung und Eingrenzung. Während beispielsweise ein Pkw schon nach wenigen Jahren hinsichtlich der Technik, mehr aber noch wegen des Designs mit seinen wechselnden Modeströmungen als »veraltet« gilt, trifft dies bei Feuerwehrfahrzeugen so nicht zu. Ein Löschfahrzeug erreicht durchaus ein Alter von zwanzig Jahren und wird – ohne Verlust seines »Einsatzwertes« – noch als zeitgemäßes Arbeitsmittel empfunden. Nicht selten erreichen die Fahrzeuge auch ein Alter von dreißig und mehr Einsatzjahren, ehe sie ersetzt werden.

Es bietet sich an, den Anfangspunkt dieser Betrachtung auf die so genannte »Wende« 1989/90 zu legen, um die Entwicklung in alten wie neuen Bundesländern betrachten zu können. Der vorliegende Band zeigt also einen Querschnitt aller Fahrzeuge, die heute noch bei Feuerwehren in allen Teilen unseres Landes vorzufinden sind. Da die heutigen Fahrzeuge alle in ihrer Entwicklung auf den in Westdeutschland entwickelten Typen fußen, wird die Fahrzeugentwicklung in der DDR bis 1989 nur an einigen Stellen gestreift.

Bei der Zusammenstellung der Bilder stand die Bemühung im Vordergrund, alle bedeutenden Fahrzeugtypen und alle gängigen Fahrgestell-Hersteller sowie die wichtigsten Aufbau-Hersteller bildlich zu berücksichtigen. Die Fahrzeuge stammen aus allen Gegenden unseres Landes. Bei der Vielzahl der »Spielarten« war es jedoch nicht möglich, alle Sonderbauarten und Spezialfahrzeuge zu zeigen; auf Vollständigkeit musste schon aus Platzgründen verzichtet werden.

Mein Dank gilt allen, die mich bei den Fotoaktionen und beim Zusammenstellen des Buches unterstützt haben; dies betrifft in erster Linie die zahllosen Feuerwehrfrauen und -männer, die keine Mühen scheuten, die Fahrzeuge ins rechte Fotolicht zu setzen, aber auch alle diejenigen, die mit Tipps und Hinweisen auf interessante Fahrzeuge zum Gelingen beigetragen haben.

Glück auf!

Axel Johanßen

KLEINE FAHRZEUG-GESCHICHTE

Die Gegenwart ist ohne Kenntnis der Vergangenheit nur schwer zu verstehen. Dies trifft auch auf die Entwicklung der heutigen Feuerwehrfahrzeuge zu, die im Prinzip auf die zuerst vom Reichsluftfahrtministerium ab 1934 umgesetzten, einheitlich ausgeführten Fahrzeugtypen zurückgehen. Damals wurden die einheitlichen Baumuster der Kraftzugspritze KzS 8, der Kraftfahrspritzen KS 15 und KS 25, der Kraftfahrdrehleitern KL 26 und KL 46 sowie der Schlauchkraftwagen (Schlauchkw) festgelegt und entsprechende Prototypen gebaut. Mit dem Inkrafttreten des Reichsfeuerlöschgesetzes von 1938 wurde ein weiterer wichtiger Schritt in Richtung einheitlicher Fahrzeugtypen getan; darüber hinaus durfte die Fahrzeugindustrie ab März 1939 nur noch Fahrgestelle der Nutzlastklassen 1,5 t, 3,0 t, 4,5 t und 6,0 t anbieten.

In Anlehnung an die militärische Nomenklatur entstanden zwischen 1940 und 1944 insgesamt 10 Hefte mit Baubeschreibungen und Maßzeichnungen sowie Beladeplänen zu Leichten, Schweren und Großen Löschgruppenfahrzeugen (LLG, SLG und GLG), Leichten und Schweren Drehleitern (LDL und SDL), Schweren und Großen Schlauchkraftwagen (SSK und GSK), Tanklöschfahrzeugen (TLF 15/43 und TLF 25/43, die Zahl hinter dem Schrägstrich gibt hier das Baujahr an) sowie zu den einachsigen Tragkraftspritzenanhängern (TSA). Gebaut wurde auch noch eine Große Drehleiter (GDL), für die jedoch kein Heft herausgegeben worden war. Für den Einsatz auf Fliegerhorsten entstanden im Laufe des Krieges ferner als frühe Tanklöschfahrzeuge die Fliegerkraftspritzen FlKS 15 sowie die Tankspritze Ts 2,5.

Neuanfang mit Kontinuität

Die eben genannten, weitgehend einheitlichen Fahrzeugtypen bildeten nach dem Ende des Zweiten Weltkriegs die Grundlage für den Neuanfang. Als Fahrzeugbezeichnungen wurden die bereits im Krieg eingeführten Angaben wie Löschgruppenfahrzeug (LF 8, LF 15, LF 25), Tanklöschfahrzeug (TLF 15, TLF 25), Drehleiter (DL 18, DL 26, DL 32) und Schlauchwagen (SW 2000, SW 4500) verwendet – mit nur geringen Abweichungen in der Bundesrepublik ebenso wie in der DDR.

Unter Anpassung an den jeweils vorhandenen Bedarf entstanden später in der BRD noch weitere Bezeichnungen wie Rüstwagen (RW 1, RW 2, RW 3) oder Gerätewagen (GW, ggf. mit Zusatzbegriff zur Charakterisierung des Einsatzzwecks). In der DDR blieben neue Fahrzeugarten seltene Ausnahmen, dafür gab es verschiedene Abwandlungen bestehender Fahrzeugarten; die Baurichtlinien wurden in »Technischen Güte- und Lieferbedingungen« festgeschrieben.

Die Erarbeitung von Normen für Feuerwehrfahrzeuge wurde in der BRD schon kurz nach Kriegsende in Angriff genommen, so dass ab 1955 erstmals neue »Baurichtlinien für Löschfahrzeuge« in Form einer Vornorm aufgestellt wurden. Weitere Vorschriften dieser Art entstanden im Anschluss daran für die übrigen Fahrzeugarten. Heute sind alle wichtigen Arten von Feuerwehrfahrzeugen genormt, wobei die einzelnen Vorschriften ständig aktualisiert und dem Stand der Technik angepasst werden.

Vom Hauber
zum Frontlenker

Die äußere Bauform der Feuerwehrfahrzeuge war stets der Bauart der von der Fahrzeugindustrie angebotenen Chassis unterworfen; Sonderfahrgestelle speziell für Feuerwehrzwecke gab es nur in ganz wenigen Ausnahmefällen. Seit der Frühzeit der Nutzfahrzeuge lag der Antriebsmotor vorne unter einer Blechhaube. Daran schloss sich das Fahrerhaus an, das bei Feuerwehrfahrzeugen seit den 30er Jahren rundum geschlossen und mit einer Kabinenverlängerung für die Mannschaft versehen war. Den Abschluss bildete gewöhnlich der Gerätekoffer, in dem die Feuerlöschpumpe (soweit keine Frontpumpe am vorderen Rahmenende vorhanden war) und die Fahrzeugausrüstung untergebracht waren. In der Schweiz nennt man diese Bauart noch heute »Normallenker«, hierzulande haben sich Begriffe wie »Haubenfahrzeug« oder auch kurz »Hauber« durchgesetzt.

Heutzutage findet man diese Bauart nur noch bei Oldtimern, denn in der transportierenden Wirtschaft setzte sich ab Mitte der 50er Jahre die so genannte Frontlenker-Bauform mehr und mehr durch: Der Fahrzeugmotor sitzt bei diesen Fahrzeugen unter der Fahrerkabine, deren Front nun das Fahrzeug nach vorne abschließt. Varianten mit Unterflurmotoren (zwischen den Achsen angeordneten Motoren) blieben für Feuerwehrfahrzeuge ohne Bedeutung. Eine weit verbreitete, auch heute noch gelegentlich anzutreffende Bauform waren die so genannten Kurzhauber, die in der Übergangszeit vom Hauber auf den Frontlenker entstanden. Der Motor rückte dabei weit zurück und fand teilweise Platz in der Mitte der Fahrerkabine. Die Entwicklung vom Hauber zum Frontlenker erfolgte sowohl in der BRD wie auch in der DDR, hier allerdings zeitlich deutlich verzögert. Heute sind nur noch Frontlenkerfahrgestelle auf dem Markt erhältlich, lediglich in den leichten Nutzlastklassen gibt es noch an den Kurzhauber erinnernde Bauformen mit kurzen Motorvorbauten.

Sonderaufbauten:
ein Fall für Spezialisten

Die Herstellung von Sonderaufbauten für Feuerwehrfahrzeuge (Löschfahrzeuge, Drehleitern, Rüstwagen u. a.) haben in Deutschland stets darauf spezialisierte Unternehmen übernommen. Zu den wichtigsten zählten schon in der ersten Hälfte des 20. Jahrhunderts Magirus in Ulm, Metz in Karlsruhe sowie Koebe in Luckenwalde und Flader in Jöhstadt. Während Koebe, Flader und Fischer/Görlitz nach dem Zweiten Weltkrieg in der DDR zu Volkseigenen Betrieben (VEB) umgewandelt wurden und als solche weiterhin im Bereich Brandschutz tätig waren, blieben die Firmennamen Magirus und Metz bis heute erhalten, auch über verschiedene Wandlungen und Eigentümerwechsel hinweg.

Nach 1945 drängten weitere Unternehmen wie Ziegler, Bachert oder Schlingmann mit teils großem Erfolg auf den westdeutschen Markt, dazu einige kleinere Unternehmen mit vorwiegend regionaler Bedeutung; Bachert ging 1988 in Konkurs. Nach der Wiedervereinigung wurden im ehemaligen Koebe-Werk in Luckenwalde zunächst unter dem Namen Feuerlöschgerätewerk Luckenwalde (FGL) weiter Fahrzeuge gebaut. Mit der Übernahme durch Metz/Karlsruhe entstand dann der Name FGL-Metz. Seit der Integration von Metz in den österreichischen Rosenbauer-Konzern werden in Luckenwalde Fahrzeuge unter der Bezeichnung RFT (Rosenbauer Fahrzeugtechnik, Luckenwalde) gebaut, während die in Karlsruhe unter Rosenbauer-Regie gebauten Metz-Drehleitern als einzige Fahrzeuge noch einen Hinweis auf die Ursprungsfirma geben.

Apropos Rosenbauer: Schon in den 8oer Jahren konnte das Unternehmen aus Leonding vor allem für Flughäfen und Industriebetriebe in Deutschland zahlreiche Sonderfahrzeuge bauen. Spätestens seit den 9oer Jahren haben die Österreicher aber auch mit ihrem eigenen Fahrzeugprogramm bei den kommunalen Feuerwehren in bemerkenswertem Umfang Fuß fassen können; keinem anderen ausländischen Unternehmen ist dies bis heute in so großem Umfang gelungen.

Eine Übersicht über alle in diesem Buch verwendeten Abkürzungen für die verschiedenen Fahrzeugtypen und weitere häufig vorkommende Spezialbegriffe finden Sie auf S. 188–189.

▼ Vergangenheit trifft Gegenwart: Über 40 Jahre Fahrzeugtechnik repräsentieren das alte und das neue TLF 16 der Feuerwehr Grünenbach/Allgäu. Bis 2004 stand das alte Fahrzeug noch im Einsatz.

▼ Während der Kriegszeit wurden die später als LF 8, LF 15 und LF 25 (v. l. n. r.) bezeichneten Löschgruppenfahrzeuge in großen Stückzahlen gebaut. Die Feuerwehren waren damals der Polizei unterstellt, das Reichsluftfahrtministerium unterhielt eigene Feuerwehr-Einheiten; aus Tarnungsgründen fehlte die typisch rote Signalfarbe im Krieg.

► **IFA Phänomen Granit 27**, LLG/LF-TS 8, Polygraph Feuerlöschgerätewerk Görlitz, 1948, Traditionsfahrzeug FF Birkenwerder. Eine Reihe von LLG bzw. LF-TS 8 wurde in Ostdeutschland in den ersten Nachkriegsjahren noch nach altem Baumuster produziert.

▼ **Henschel 33 FA 1**, Tankspritze Ts 2,5, später TLF 25, Aufbauhersteller nicht eindeutig zu ermitteln, Baujahr ca. 1938, Museumsfahrzeug der FF Fuldatal. Fahrzeuge wie dieses setzte die deutsche Luftwaffe zur Brandbekämpfung auf Fliegerhorsten ein. Später gelangten sie teilweise zu kommunalen Feuerwehren.

▲ **Magirus FL145**, KL 26 (DL 26), Magirus, ca. 1940, Museumsfahrzeug FF Altenkirchen/Westerwald. Ein typischer Vertreter der Haubenfahrzeuge. Nach dem Krieg wurde Rot schnell wieder zur Standardfarbe der Feuerwehrfahrzeuge.

► **IFA S 4000-1**, DL 25, VEB Feuerlöschgerätewerk Luckenwalde, 1966, FF Grimmen. Solche IFA-Haubenfahrgestelle aus den ehemaligen Horch-Werken in Zwickau fanden in der DDR große Verbreitung bei den Feuerwehren.

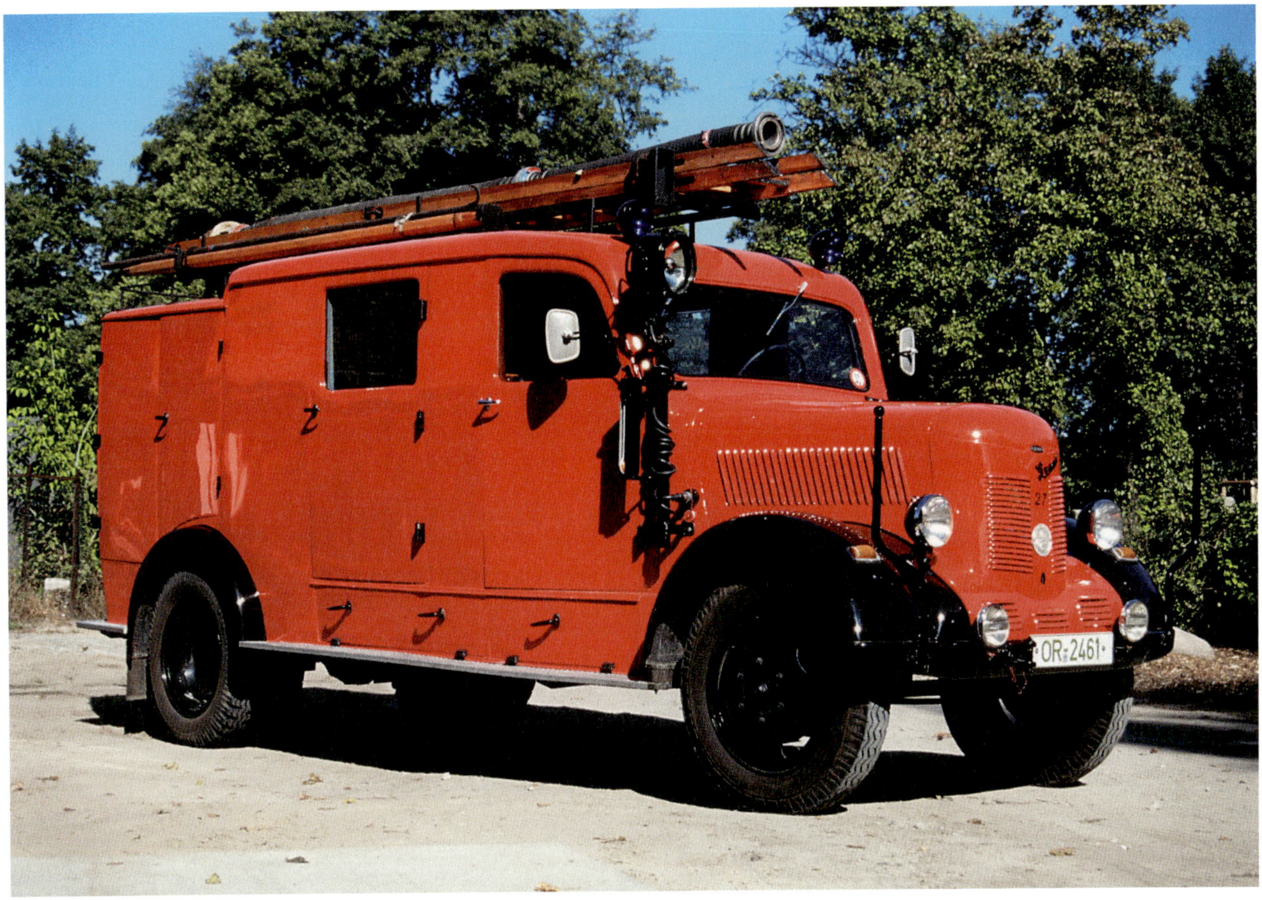

Freiw. Feuerwehr
Grimmen

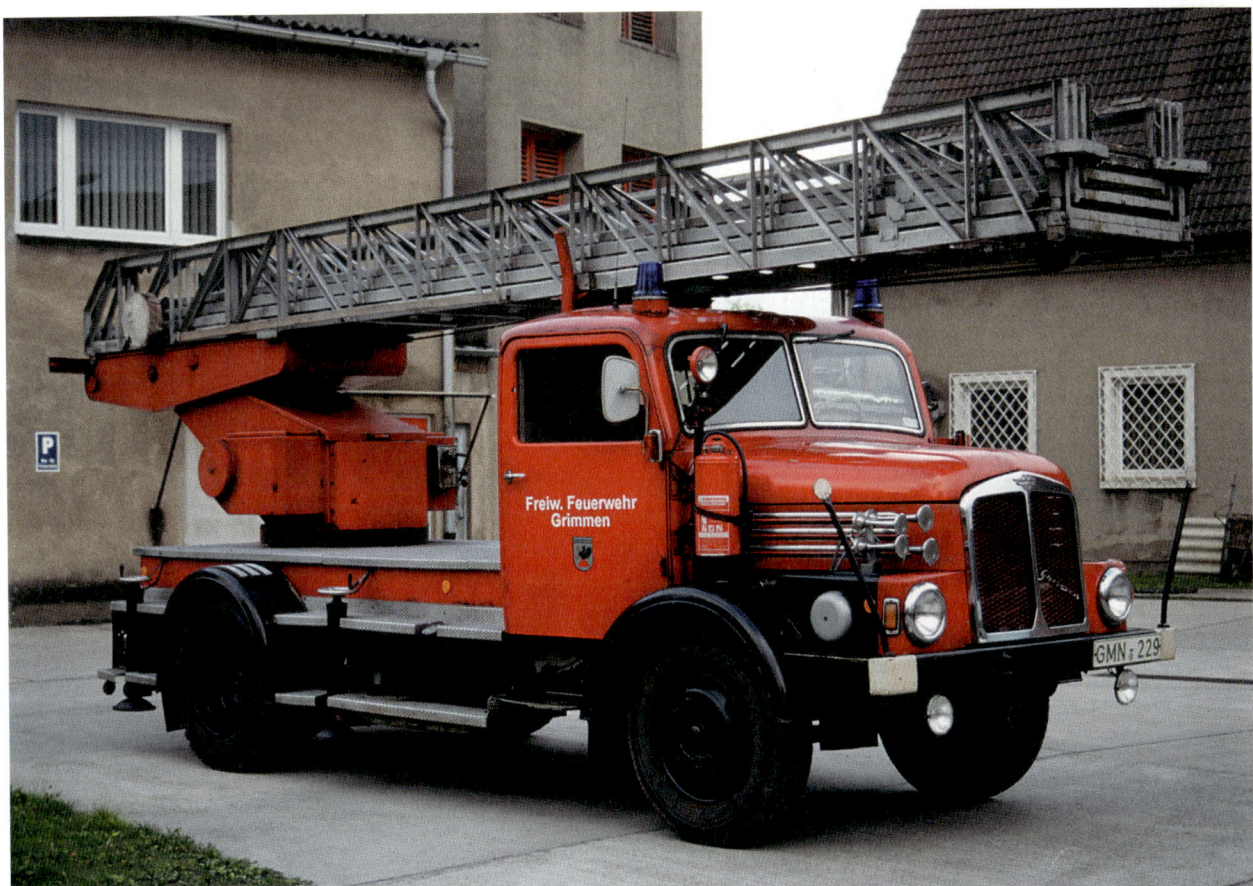

▲ Ab Mitte der 60er Jahre lief im IFA-Werk »Ernst Grube« in Werdau der Frontlenker vom Typ W 50 L/LA vom Band. Die FF Torgau besaß in den 90er Jahren noch einen kompletten Löschzug auf diesen Chassis (DL 30, LF 16, TLF 16).

◄ Charakteristisch für die 50er Jahre waren die Haubenbauform und die wegen der Rundungen so genannten Omnibusaufbauten. Dieses TLF 15 mit Metz-Aufbau von 1953 (Mercedes-Benz LF 3500/42) gehört der FF Menden/Sieg.

▲ Rund- und Eckhauber von Magirus haben heute schon Kultstatus und sind begehrte Oldtimer. Links eine Magirus-DL 30 (Magirus-Deutz FM 150D10, Baujahr 1965), rechts ein zwei Jahre älteres Magirus-LF 16 (F Merkur 125 A) der Feuerwehr Wiesbaden. Lackierungen wie diese waren in den 60er Jahren aktuell und in bestimmten Regionen verbreitet.

▼ **Magirus-Deutz FM 170D12 F**, DL 30h, 1974, FF Wiehl. Sehr erfolgreich und bei den Feuerwehren weit verbreitet war die D-Baureihe von Magirus-Deutz. Dieses Fahrzeug wurde erst Ende 2006 durch ein neues Drehleiterfahrzeug ersetzt.

▼ **Mercedes-Benz LAF 1113/42 B**, LF 16, Ziegler, 1983, FF Hellenthal, Lg. Wolfert-Sieberath. Fast 30 Jahre lang wurden Feuerwehrfahrzeuge auf dem Kurzhauber-Chassis von Mercedes-Benz mit nur geringen Veränderungen gebaut. Dieses Fahrzeug gehört zu den sehr jungen Exemplaren und weist bereits einen 1600-l-Tank auf.

LÖSCHFAHRZEUGE

Als Oberbegriff umfassen die »Löschfahrzeuge« Tragkraftspritzenfahrzeuge (TSF und TSF-W), Kleinlöschfahrzeuge (KLF), Löschgruppenfahrzeuge (LF 8, LF 8/6, LF 10/6, LF 16, LF 16-TS und LF 16/12, LF 20/16, HLF 20/16, LF 24), Trockenlöschfahrzeuge (TroLF 500, 750 und 1500) und Tanklöschfahrzeuge (TLF 8, TLF 16 (-Tr), TLF 16/25, TLF 16/24-Tr, TroTLF 16 und TLF 24/50). All diese Fahrzeuge dienen in erster Linie der Brandbekämpfung und der Wasserförderung, sind aber dank ihrer Beladung und Ausstattung auch zum Einsatz bei einfachen technischen Hilfeleistungen geeignet. Für diese Fahrzeuge gab bzw. gibt es Normen, die eine weitgehend einheitliche Ausstattung gewährleisten sollen.

Die 1955 in der BRD zunächst aufgestellten Baurichtlinien für Feuerwehrfahrzeuge wurden erst Ende der 60er Jahre in Normen umgewandelt. Dabei entstanden Normblätter für TSF, LF 8 und TroLF (1969), die alsbald um solche für die Tanklöschfahrzeuge TLF 8, TLF 16 (1970), die Löschgruppenfahrzeuge LF 16 und LF 16-TS sowie Trockenlöschfahrzeuge TroTLF 16 ergänzt wurden (1971). Erweiterungen erfuhr das Normwerk 1978 durch das TLF 24/50 und 1981 durch das LF 24.

Bereits 1987 begannen die zuständigen Fachgremien mit einer Überarbeitung der Vorschriften; angestrebt wurde einerseits eine Verringerung der Anzahl der Normfahrzeuge, andererseits aber auch die Ausstattung aller Löschfahrzeuge mit Löschwasserbehältern, was bislang nicht bei allen Fahrzeugreihen vorgesehen war (TSF, LF 8). Als erstes Ergebnis zeitigte dies 1988 die Streichung der TroLF

aus der Norm. 1991 wurden dann das LF 24, das TLF 8 und das TroTLF 16 ersatzlos gestrichen. Darüber hinaus ersetzten veränderte Vorschriften ab 1991 bisher geltende Blätter: Das LF 8 wurde durch das LF 8/6 und das LF 16 durch das LF 16/12 abgelöst. Ganz neu waren Normblätter für TSF-W und TLF 16/24-Tr.

Der Beginn unseres Betrachtungszeitraums markierte also in etwa einen deutlichen Umbruch im System der bis 1991 gültigen Normen. In einem gewissen Übergangszeitraum zu Beginn der 90er Jahre findet man noch Fahrzeuge, die nach den bisherigen Vorschriften gebaut wurden, aber auch bereits solche nach den neuen Normvorschriften. Die Phase der Veränderungen am Normwerk für Feuerwehrfahrzeuge setzt sich bis in die Gegenwart fort. Abgesehen davon unterliegen Normen natürlich immer einem gewissen Wandel, der sich von Zeit zu Zeit in überarbeiteten Abfassungen niederschlägt, der aber hier nicht von besonderer Bedeutung ist und deshalb außer Acht gelassen werden kann.

In der DDR verlief die Löschfahrzeug-Entwicklung deutlich weniger variantenreich als in der BRD. Auf den wenigen Chassis aus eigener Fertigung entstanden nach 1945 hauptsächlich Kleinlöschfahrzeuge (KLF-TS 8, vergleichbar mit TSF), Löschgruppenfahrzeuge LF-TS 8 (später LF 8-TS 8-STA, beide vergleichbar mit LF 8) und LF 15/LF 16 sowie Tanklöschfahrzeuge TLF 15/TLF 16. In unterschiedlichen Bauformen wurden sie teilweise bis 1990 gefertigt. Danach wurden nur noch Fahrzeuge beschafft, die den westdeutschen Normen entsprachen.

Tragkraftspritzenfahrzeuge TSF, TSF-W, KLF-TS 8

Insbesondere für kleine Feuerwehreinheiten im ländlichen Raum stellen Tragkraftspritzenfahrzeuge als kleinste Löschfahrzeuge eine bis heute gängige, preiswerte Form der Motorisierung dar. Die Fahrzeuge dienen überwiegend der Brandbekämpfung und bilden mit ihrer Besatzung (Staffel 1/5) eine taktische Einheit. Ursprünglich wurden Mannschaft und Gerätschaften in serienmäßigen Kastenwagen untergebracht, die nach der ab 1988 gültigen Normfassung ein zulässiges Gesamtgewicht von bis zu 3500 kg aufweisen durften. Nachdem in den 8oer Jahren eine lebhafte Diskussion über die Unfallgefahren bei derartigen Fahrzeugen eingesetzt hatte – die zum Teil im Geräteraum untergebrachte Mannschaft war bei Unfällen durch im Inneren herumfliegende Teile gefährdet –, wurde eine Trennung von Mannschafts- und Geräteräumen notwendig (Trennwand im Inneren oder Kabine und Aufbau als eigenständige Baugruppen). Fortan wurden die serienmäßigen Kastenwagen immer seltener, dafür die Fahrzeuge mit serienmäßiger Doppelkabine und Kofferaufbau (auch als TSF-K bezeichnet) immer häufiger beschafft. Vorgeschriebener Standard ist bei allen TSF der Straßenantrieb.

In der DDR gab es keine Fahrzeuge mit der Bezeichnung TSF, jedoch ein entsprechendes Kleinfahrzeug mit der Bezeichnung KLF-TS 8, das in einheitlicher Bauform auf dem Kastenwagen Barkas B 1000 zur Verfügung stand. Von 1963 bis zum Ende der DDR sind diese Fahrzeuge in großen Stückzahlen und nahezu unverändert produziert worden.

TSF-W: jetzt mit Löschwasser

Das Bestreben, alle Löschfahrzeuge mit einem Löschwasserbehälter auszustatten, führte 1991 zum neuen Normblatt TSF-W. Diese Fahrzeuge verfügen nun über Löschwasserbehälter von 500 l Inhalt – bei einem zGG von bis zu 5500 kg. Die TSF-W bilden mit ihrer Besatzung von 1/5 (1 Gruppenführer, 5 Truppmänner) eine selbstständige taktische Einheit. Im Rahmen der Überarbeitung der Normen werden die Vorschriften zukünftig auch noch höhere zulässige Gesamtgewichte ermöglichen, wobei der Grenzwert von 7500 kg zwar nicht überschritten werden darf, aber auch nicht vollständig ausgeschöpft werden muss. Etwaige Gewichts- und Raumreserven können und sollen dann für Zusatzbeladungen nach örtlichen Erfordernissen genutzt werden. Allradantrieb ist für TSF-W auch weiterhin nicht vorgesehen.

▼ **Ford Transit 190 L**, TSF, Schmitt/Neuwied, 1990, FF Bad Camberg. 1990 gab es beim TSF noch die inzwischen nicht mehr zugelassene Bauform, bei der Mannschafts- und Geräteräume nicht getrennt sind.

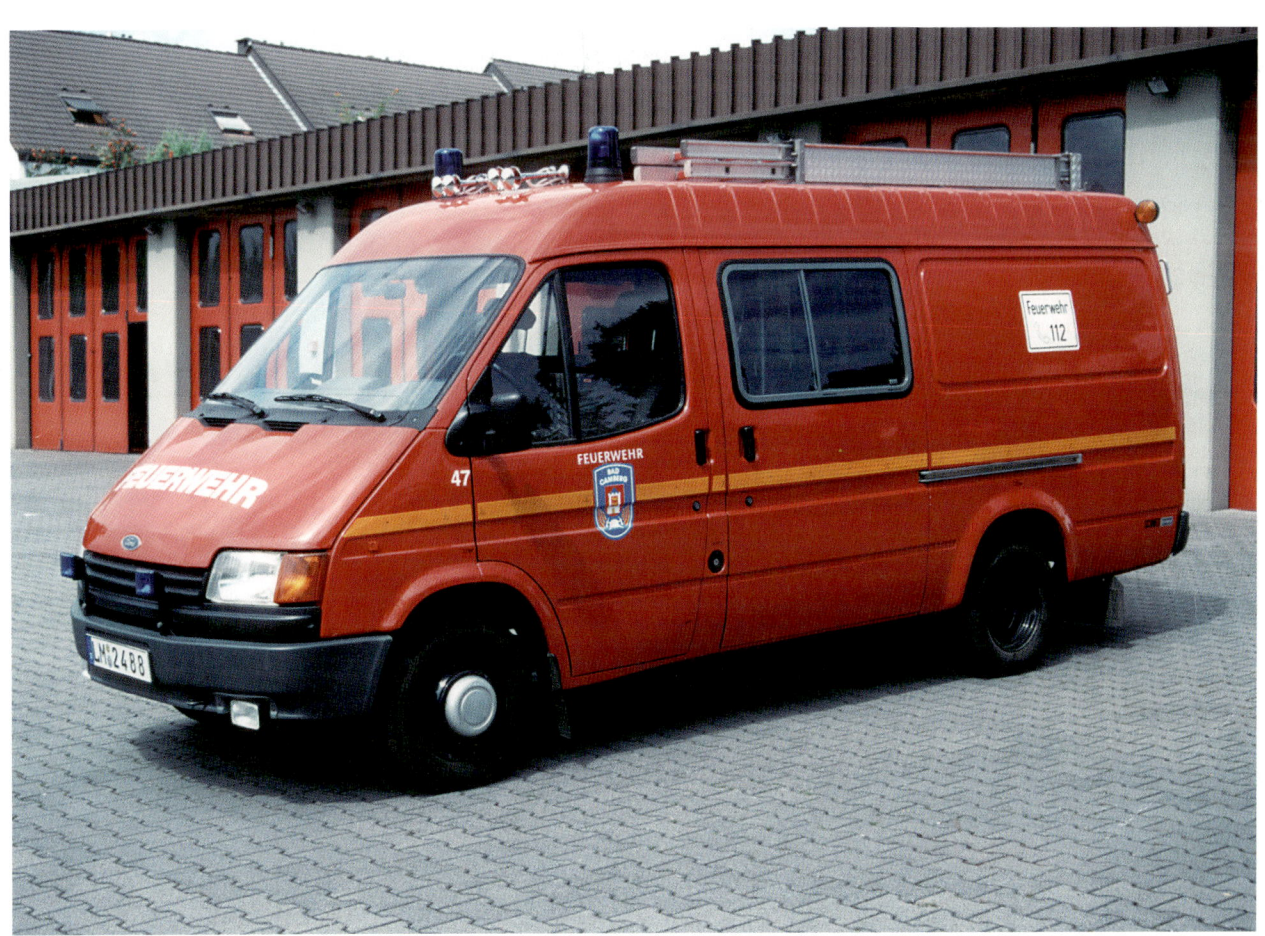

▼ **Barkas B 1000 KM/KLF**, KLF-TS 8, VEB Feuerlösch-gerätewerk Görlitz, 1989, FF Leipzig, Lg. Lausen. Das Kleinlöschfahrzeug KLF-TS 8 ist mit dem westdeutschen TSF vergleichbar. Zum Fahrzeug gehörte zunächst ein kleiner Anhänger mit Schlauchhaspel, später ein Mehrzweck-Geräteanhänger.

▼ **Volkswagen LT 35 D**, TSF-K, Schmitz, 1997, FF Vienau. Die TSF mit Koffer-aufbau erhielten ein zusätz-liches K zur Unterscheidung von der herkömmlichen Bauart. Meist wurden, wie auch hier, serienmäßige Doppelkabinen verwendet, die – der Kommunalaus-führung entsprechend – auf der Fahrerseite nur eine Tür aufweisen.

▶ **Mercedes-Benz Sprinter 308 D**, TSF-K, Schmitz, 1997, FF Rastede, Ofw. Loy-Barkhorn. Weitgehend identisch ist die erste Sprin-ter-Generation mit dem Typ LT von Volkswagen, VW verwendet jedoch andere Motoren. Beide Reihen fanden große Verbreitung bei den Feuerwehren.

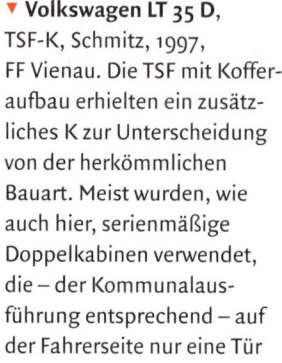

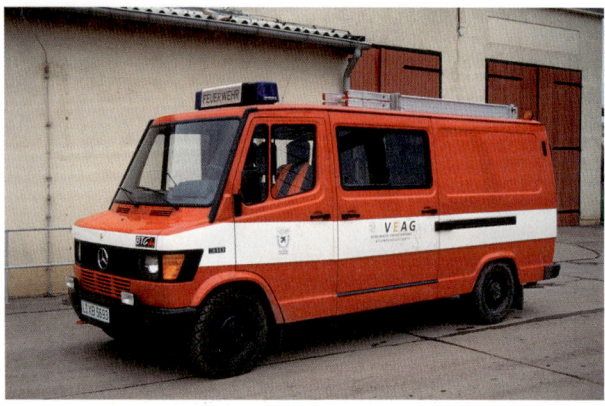

▲ **Mercedes-Benz 310 B**, TSF, BTG/Görlitz, 1994, WF VEAG, Kraftwerk Lippendorf. Weite Verbreitung fanden die TSF auf Basis des »Bremer Transporters« von Mercedes. Hier sind Mannschafts- und Geräteraum noch nicht getrennt.

▲ **Fiat Ducato 2.0**, TSF-K, Magirus, 1996, FF Bergneu-stadt, Lg. Hackenberg. Auch bei diesem Fahrzeug wurde die in erster Linie für kom-munale Fahrzeuge übliche Doppelkabine verwendet, jedoch mit einer zweiten Tür auf der Fahrerseite.

▶ **Volkswagen LT 45 D Allrad**, TSF-W, Thoma, 2000, FF Wet-tenberg, Lg. Krofdorf-Glei-berg. Thoma verwendete ein gebrauchtes Chassis von 1991 als Basis. Der Löschwasser-behälter dieses TSF-W fasst 500 l. Selten und in der Norm nicht vorgesehen ist beim TSF-W Allradantrieb.

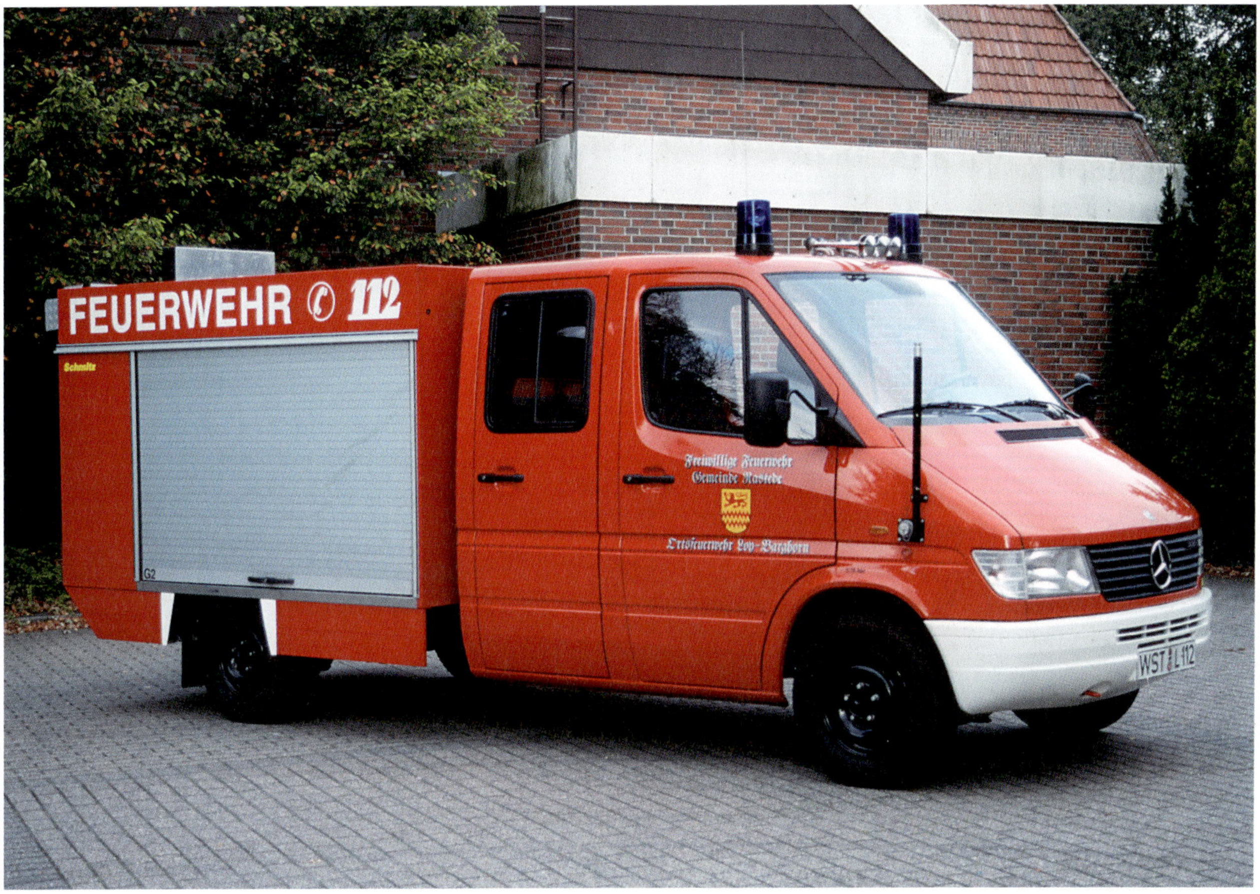
FEUERWEHR 112

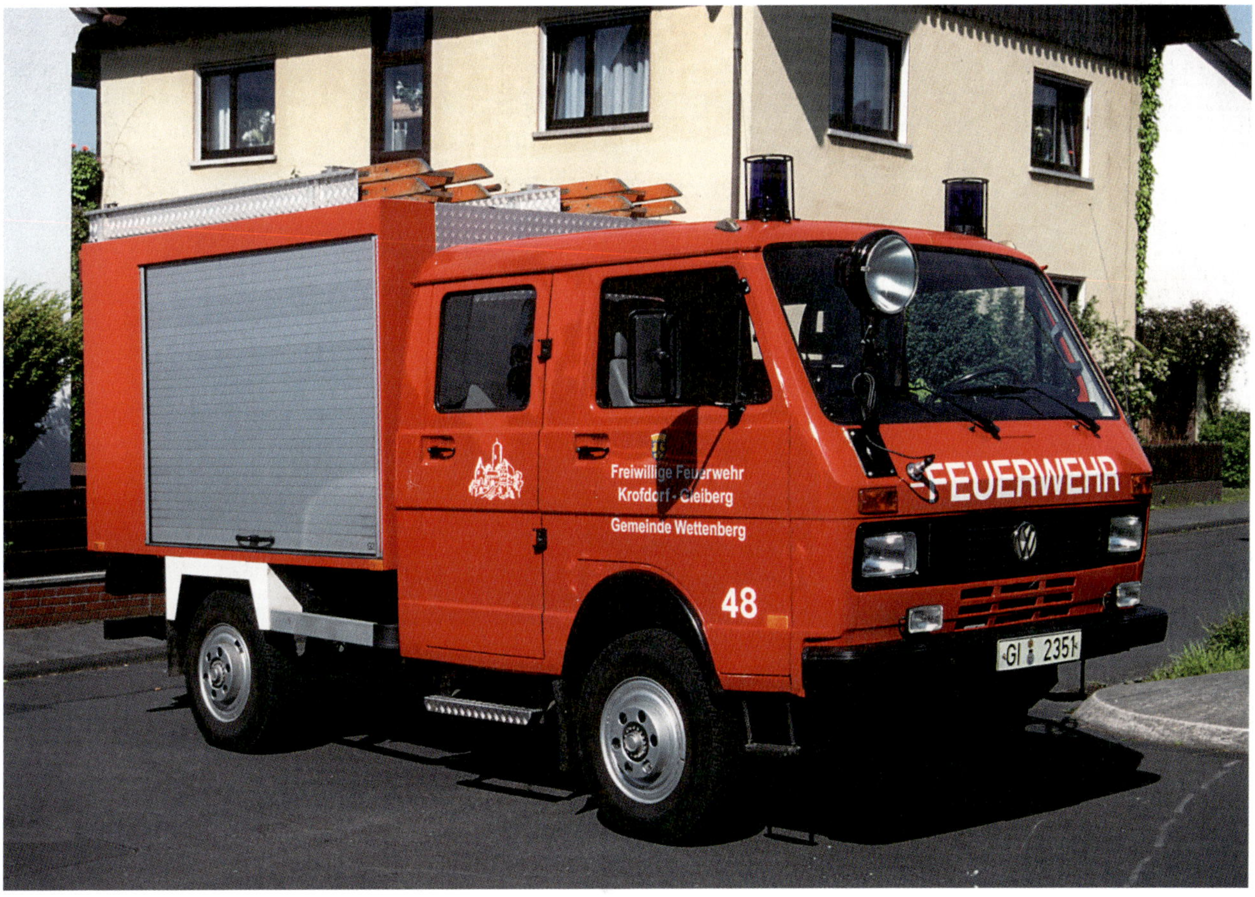
FEUERWEHR
Gemeinde Wettenberg
48

▲ **Iveco Turbo Daily 49-10**, TSF-W, Magirus, 1994, FF Gummersbach, Lg. Gelpetal. Bei Fahrzeugen dieser Größenordnung ist das Aufbaudach in der Regel nicht begehbar. Die Leiter kann vom Boden aus entnommen werden.

▲ **Mercedes-Benz Vario 612 D**, TSF-W, Ziegler, 1998, FF Gummersbach, Lg. Unnenberg. Auf dem Vario-Fahrgestell von Mer-cedes liefern nahezu alle Aufbauhersteller TSF-W für kleine Feuerwehreinheiten. Alle Geräte (einschließlich Leiter) werden im Aufbau eingeschoben.

▼ **MAN 8.113 LC**, TSF-W, Magirus, 1998, FF Salzgitter, Lg. Lichtenberg. Dieses mit einem 500-l-Wassertank ausgestattete Fahrzeug führt sogar zwei Tragkraftspritzen mit. Mannschaftskabinen dieser Art bietet MAN serienmäßig an, sie werden beim MAN-Servicebetrieb in Wittlich gefertigt.

▼ **Iveco ML 80E17**, TSF-W, Ziegler, 2002, FF Igersheim, Lg. Harthausen. 1000 l Wasser führt dieses Fahrzeug bei einem zGG von 8000 kg mit. Fremdaufbauten auf Iveco-Chassis sind selten, die italienischen Fahrgestelle werden überwiegend von der zum Iveco-Konzern gehörenden Firma Magirus verwendet.

▼ **Renault Master Maxi 6,5t dCi 160**, TSF-W, Harz, 2005, FF Balve, Lg. Mellen. Renault-Chassis wie dieses sind inzwischen eine preiswerte Alternative zu Sprinter und Co. Aufbau-Hersteller Harz aus Bitburg hat sich auf Kleinfahrzeuge spezialisiert. Dieses TSF-W führt 750 l Wasser mit.

Kleinlöschfahrzeuge KLF

Erst seit 2004 existiert ein Normblatt für Kleinlöschfahrzeuge, das nach langen Diskussionen bei einem zGG von lediglich 3500 kg eine Besatzung von 1/5 vorsieht. Mitgeführt werden eine Tragkraftspritze TS 6-500 und ein Löschwasserbehälter mit 400 l Inhalt. Angesichts dieser Vorgaben ist klar, dass die weitere Ausstattung der Fahrzeuge nur sehr sparsam sein kann, wenn das zGG nicht überschritten werden soll. So eignen sich die für Fahrgestelle aus der »Sprinter-Klasse« idealen Fahrzeuge auch nur für kleine Einsätze (z. B. Pkw-Brand oder Böschungsbrand) oder – im Zusammenspiel mit nachrückenden Fahrzeugen – zum »Erstangriff«, wie es in der Brandschutz-Fachsprache heißt.

Individuelle Ausführungen

Auch »jenseits der Norm« gibt es seit einigen Jahren eine ganze Reihe von Fahrzeugen, die die Bezeichnung KLF oder gelegentlich auch KTLF tragen. Es handelt sich dabei um individuell nach den Vorstellungen der jeweiligen Feuerwehren angefertigte und ausgestattete Fahrzeuge, die als wendige und schnelle »Vorausfahrzeuge« oder bei erkennbar kleinen Einsätzen (»Brennt Mülleimer ...«) ausrücken. Häufig ist eine Hochdruck-Löschanlage zusätzlich zur Tragkraftspritze vorhanden. Gelegentlich findet man dabei auch Fahrzeuge mit Allradantrieb, der bei den Normfahrzeugen nicht vorgesehen ist. Zahlreiche Abnehmer fanden die nicht genormten KLF vor allem in den ländlich geprägten Bereichen der neuen Bundesländer.

Gerätewagen GW-TS

In diesem Rahmen sollen auch noch die so genannten GW-TS (Gerätewagen mit Tragkraftspritze) erwähnt werden, für die es in Rheinland-Pfalz eine Technische Richtlinie zur Beschaffung gibt. Es handelt sich um eine Alternative zu den in ländlichen Gebieten noch verbreiteten Tragkraftspritzenanhängern TSA, die meist per Traktor zum Einsatz gezogen werden. Für die GW-TS sind nur serienmäßige Kleintransporter mit einem zGG von bis zu 2500 kg zulässig, die Besatzung besteht aus einem Löschtrupp 1/1 (1 Gruppenführer, 1 Truppmann). Neben einer TS 8/8 mit Schlauchmaterial und Zubehör wird eine vierteilige Steckleiter auf dem Dach mitgeführt (siehe Bild S. 25 unten rechts).

▼ **Opel Movano 3500 TDCI**, KLF 6/4, ADIK, 2006, FF Zell/Mosel, Lg. Altlay. Einen etwas längeren Radstand und damit einen etwas geräumigeren Koffer als das Ziegler-Vorführfahrzeug weist dieser Opel Movano auf. Das zGG von 3500 kg wird aber auch hier eingehalten. ADIK ist ein auf Kleinfahrzeuge spezialisiertes Unternehmen aus Mudersbach/Sieg.

◄ **Mercedes-Benz Sprinter 313 CDi**, KLF, Ziegler, 2005, Vorführfahrzeug. Bei den KLF nach der neuen Norm handelt es sich um sehr kleine Fahrzeuge, die sich nur für einen Erstangriff von bescheidenem Umfang eignen. Mitgeführt werden eine TS 6/6 (bzw. TS 6-500) und ein Tank mit 400 l Inhalt.

▲ **Mercedes-Benz 814 DA**,
KLF 8/8, Schlingmann, 1997,
BF Lutherstadt Wittenberg.
Lange bevor die KLF-Norm
entstand, gab es schon Fahrzeuge mit dieser Bezeich-
nung. Das hier gezeigte Fahrzeug wurde für Einsätze in
der Wittenberger Innenstadt
mit ihrem hohen Verkehrs-
aufkommen beschafft.

◄ **Mercedes-Benz 612 D**, KLF,
Ziegler, 1997, Vorführwagen.
Dieses Ziegler-KLF ist mit
einer TS 8/8 und einer Hochdrucklöschanlage mit
Schnellangriff ausgestattet.
Mitgeführt werden 750 l
Wasser. Gut zu erkennen
sind die von hinten innen
eingeschobenen Steckleiter-
teile. Die große Heckklappe
bietet Wetterschutz für den
Maschinisten.

▲ **MAN 8.163 F**, KTLF, Schmitz, 1996, FF Plettenberg, Lg. Landemert. Auch bei diesem als KTLF bezeichneten Kleinlöschfahrzeug sind TS 8/8 und Hochdrucklöschanlage sowie ein 750-l-Tank vorhanden.

▼ **Mercedes-Benz Vito 114**, KLF, GFT/Minimax, 1998, WF DaimlerChrysler AG, Werk Sindelfingen. Die eingebaute Minimax-Hochdrucklöschanlage HDL 250 verbraucht 25 l/min bei 250 bar. Im Tank werden 100 l Löschwasser mitgeführt, außerdem Schaummittel in Kanistern.

▼ **Peugeot Expert HDI**, GW-TS, Harz, 2002, FF Kyllburg, Lg. Wilsecker. Kaum mehr als einen Tragkraftspritzenanhänger vermag diese in Rheinland-Pfalz in diversen Varianten beschaffte Fahrzeugart darzustellen. Aus diesem Grund wurde die Bauart wohl auch unter den Gerätewagen eingeordnet, obwohl auch diese Bezeichnung irreführend ist.

Löschgruppenfahrzeuge LF 8, LF 8/6, LF 10/6

Das LF 8/6 ist als kleinstes Löschgruppenfahrzeug Nachfolger des seit 1969 genormten LF 8. Es wird fast ausschließlich bei kleineren Freiwilligen Feuerwehren eingesetzt und stellt dort ein wichtiges Standardfahrzeug dar. Während das ältere LF 8 kein Löschwasser mitführte, wurde das 1991 eingeführte LF 8/6 mit einem mindestens 600 l fassenden Löschwasserbehälter ausgestattet. Schon aus Gewichtsgründen war es nicht möglich, die beim LF 8 vorhandenen zwei Feuerlöschpumpen (Tragkraftspritze im Aufbau eingeschoben, Front- oder Heckpumpe) für das LF 8/6 zu übernehmen, so dass das LF 8/6 nur über eine im Heck fest eingebaute Feuerlöschkreiselpumpe FP 8/8 verfügt. Nach wie vor dient das LF 8/6 mit seiner Staffelbesatzung (1/8) wie vorher auch das LF 8 in erster Linie der Brandbekämpfung, der Wasserförderung und – in kleinerem Umfang – der technischen Hilfeleistung. Bei Fahrzeugen mit Straßenantrieb war zunächst ein zulässiges Gesamtgewicht von 7500 kg vorgesehen, Allradfahrzeuge durften maximal 9500 kg wiegen.

Vom LF 8/6 zum LF 10/6

Allen LF 8/6 gemeinsam ist neben dem Löschwasserbehälter eine vom Fahrzeugmotor angetriebene Feuerlöschkreiselpumpe mit angeschlossener Schnellangriffseinrichtung sowie eine Standardbeladung für die Löschgruppe. Im Rahmen des zulässigen Gesamtgewichts ist daneben eine Zusatzbeladung nach den örtlichen Belangen vorgesehen,

die z. B. Geräte für die technische Hilfeleistung, eine Tragkraftspritze und/oder Stromerzeuger/Beleuchtungsgeräte umfassen können.

Im Rahmen der europäischen Normen wurden die Typenbezeichnungen für Feuerlöschkreiselpumpen 2002 verändert. Aus der bisherigen FP 8/8 wurde die FPN 10-1000, was eine Anpassung der deutschen Fahrzeugbezeichnungen nach sich zog, so dass aus dem bisherigen LF 8/6 das LF 10/6 wurde. Es gab aber auch gleichzeitig weitere Veränderungen, die allerdings aus dem LF 10/6 keinen neuen Fahrzeugtyp werden ließen: So können Fahrzeuge mit Straßenantrieb nun ein zulässiges Gesamtgewicht bis 8000 kg und bei Allradantrieb bis 10 500 kg aufweisen. Ähnlich wie beim LF 20/16 bzw. HLF 20/16 wird es in naher Zukunft auch Richtlinien für ein HLF 10/6 geben, also eine Ausführung mit einer Zusatzbeladung für technische Hilfeleistungen.

Geländegängig: LF 8-TS 8-STA

Die Entwicklung in der DDR mündete für Fahrzeuge dieser Größenordnung im LF 8-TS 8-STA, das als Basis den Allrad-Pkw Robur LO 1801 A und später den Nachfolger LO 2002 A besaß. Ein feuerwehrtechnischer Aufbau war nicht vorgesehen, man verwendete die beim Militär übliche Pritsche, auf der Ausrüstung und Mannschaft unter Plane und Spriegel untergebracht waren. Die Fahrzeuge besaßen neben der TS 8/8 eine Frontpumpe FP 8/8 und führten standardmäßig einen Schlauchtransportanhänger (STA) mit. In der Grundausrüstung waren die Fahrzeuge mit ihrer auf einer Art Paletten gelagerten Ausstattung als Löschfahrzeug, Tanklöschfahrzeug (mit 900-l-Wassertank) oder reiner Lastkraftwagen darstellbar, Zusatzausrüstungen ermöglichten die Verwendung als Schlauchwagen, Mannschafts- oder Gerätewagen. Besonderer Beliebtheit erfreuten sich die Fahrzeuge lediglich wegen ihrer sehr guten Geländefahreigenschaften (Militärfahrzeug!), weshalb auch heute noch viele Exemplare im Einsatz sind. Die Fertigung, für die das Feuerlöschgerätewerk Görlitz zuständig war, endete 1990.

▲ Keine Feuerwehr kommt ohne aus: Löschfahrzeuge – hier ein Löschgruppenfahrzeug LF 8/6 beim Legen eines Schaumteppichs – sind die am weitesten verbreiteten Fahrzeuge bei deutschen Feuerwehren.

▼ **IFA Robur LO 2002 A**, LF 8-TS 8, VEB Feuerlöschgerätewerk Jöhstadt, 1988, FF Hasselfelde. Derartige Fahrzeuge wurden in der DDR bis zum Schluss gebaut. Man findet sie auch heute noch im Einsatz. Eine FP 8/8 ist vorne eingebaut, hinter einer Klappe verdeckt. Die korrekte Fahrzeugbezeichnung lautet LF 8-TS 8-STA, wenn der zugehörige Schlauchtransportanhänger (STA) mitgeführt wird.

▶ **Mercedes-Benz 917 AF**, LF 8/6, Schlingmann, 1995, FF Wipperfürth, Lg. Klaswipper. In den Geräteräumen auf der Beifahrerseite befinden sich die schweren Hilfeleistungsgeräte und der tragbare Stromerzeuger (hier zur Verdeutlichung nach außen gezogen).

▼ **Iveco-Magirus 65-12 A**, LF 8, Magirus, 1990, FF Weilmünster. Zu den Fahrzeugen ohne Löschwassertank gehört dieses LF 8, das an der Frontpumpe leicht als solches zu erkennen ist. Die etwas jüngere Bauform wurde dann schon mit Heckpumpe und Wassertank, ansonsten äußerlich unverändert, ausgeliefert.

▶ **Mercedes-Benz 814 D**, LF 8/6, Metz, 1992, FF Plessa, Lg. Hohenleipisch. Kurz nach der Wende bestand in den neuen Bundesländern ein großer Bedarf an neuen Fahrzeugen. Die Anpassung an die westdeutschen Normen bescherte den Fahrzeugherstellern einen beachtlichen Boom.

▲ **MAN-VW 9.136 FAE**, LF 8/6, Arve, 1990, FF Salzgitter, Ofw. Barum. Es handelt sich um eines der ganz wenigen so genannten BASIS-Fahrzeuge; dieses Denkmodell sah in den 80er Jahren drei Fahrzeugtypen mit einheitlichen Bausegmenten vor. Dieses Fahrzeug ist als mittelschweres Modell BASIS 2 einzustufen. Mitgeführt werden 1300 l Wasser.

▶ **Iveco FF 95E18 W**, LF 8/6, Magirus, 1998, FF Dorsten, Lg. Lembeck. Dass ein Trend zu immer größeren Fahrzeugen besteht, zeigt dieses Modell, das äußerlich vom klassenhöheren LF 16/12 kaum zu unterscheiden ist.

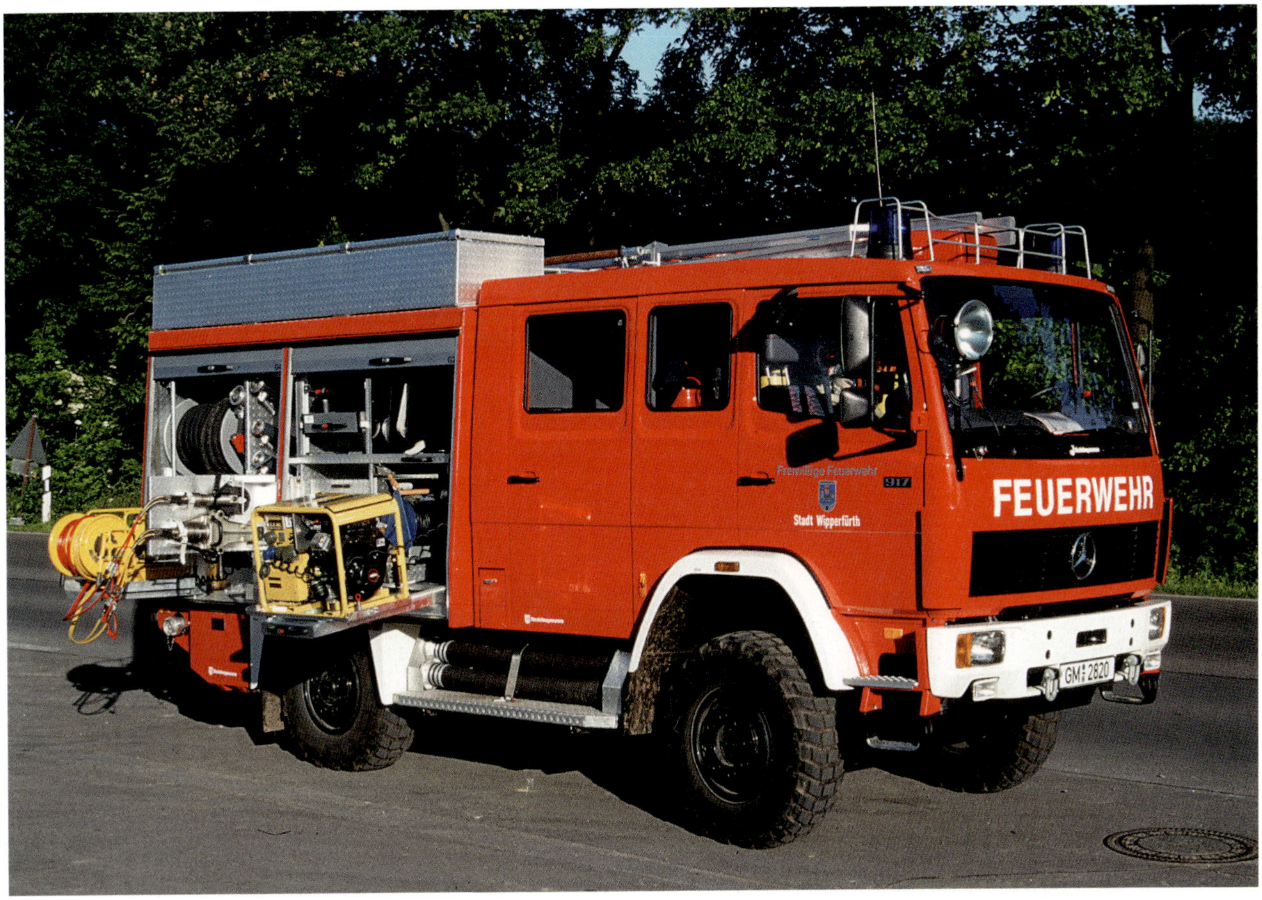
FEUERWEHR
917
Stadt Wipperfürth

3-42-5
112
FEUERWEHR
FEUERWEHR
IVECO

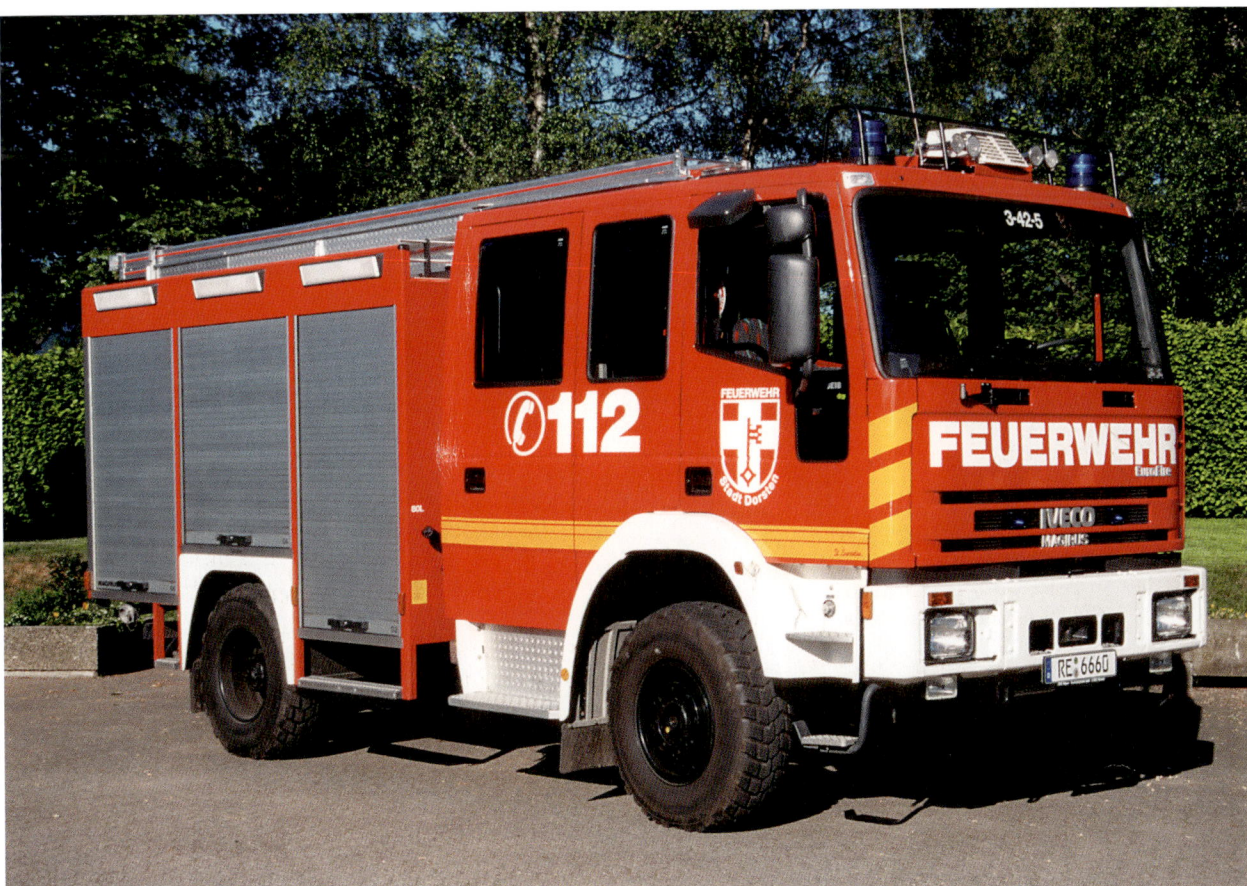

FEUERWEHR ©112
MAN
AW 750

FEUERWEHR © 112
FEUERWEHR
MAN
Ziegler
OE 2565
Ziegler

◄ **MAN 8.163 LF**, LF 8/6, Schlingmann, 1997, FF Sinzig. Bei diesem mit einem 600-l-Wassertank ausgestatteten Fahrzeug ist eine Rosenbauer-Pumpe im Heck eingebaut (Typ R 120, FP 8/8).

▼ **Mercedes-Benz Atego 1225 AF**, LF 8/6, Ziegler, 2001, FF Much. Das zGG ist bei diesem Fahrzeug mit 12 000 kg eingetragen. Der Löschwasservorrat beträgt 1200 l. Eingebaut ist ein Dynawatt-Stromerzeuger mit einer Leistung von 7 kVA.

▼ **MAN LE 9.220**, LF 10/6, Rosenbauer, 2005, FF Gummersbach, Lg. Gelpetal. Rosenbauer nennt diese Aufbauform »Compact Line« (CL). Zur Ausstattung gehören elektrische, zentral vom Fahrerplatz bedienbare Jalousien, eine FPN 10-1000 sowie ein 600-l-Tank. Das zGG liegt bei 9500 kg.

◄ **MAN 10.224 LAC**, LF 8/6, Ziegler, 2000, FF Lennestadt, Lg. Altenhundem. Ein zGG von 10 500 kg bringt dieses Fahrzeug auf die Waage und schöpft damit den von der Norm gesetzten Rahmen voll aus. Gut zu erkennen ist die umfangreiche Ausstattung zur Wasserförderung (TS sowie Schlauchmaterial in Fächern und Tragekörben).

▲ **MAN LE 10.220**, LF 10/6, RFT, 2003, FF Marienheide, Lg. Kalsbach. 1000 l Wasser stehen auf diesem Fahrzeug, das ein zGG von 10 800 kg aufweist, zur Verfügung. Die Tragkraftspritze ist zur leichten Entnahme auf einem elektrisch betätigten Lift gelagert.

▲ **Mercedes-Benz Atego**
815 F, LF 10/6, Magirus, 2005,
FF Voerde, Lg. Friedrichsfeld.
Dieses Fahrzeug gehört zu
den besonders leichten
LF 10/6 mit einem zGG von
8600 kg. 600 l Wasser werden
mitgeführt, eingebaut ist
eine FPN 10-1000.

▲ **Mercedes-Benz Atego**
1125 A, LF 10/6, Schlingmann,
2005, FF Sprockhövel, Lg.
Schmiedestraße. Der Aufbau
ist eine komplett geschweiß-
te, selbsttragende Konstruktion (Schlingmann Quadra
VA), die einen spannungs-
freien Tankeinbau ermög-
licht. Dieses Löschfahrzeug
führt 1000 l Wasser mit und
weist ein zGG von 10 000 kg
auf.

▼ **Renault Midlum**
150.10/B dCi, LF 10/6,
ADIK, 2006, FF Erwitte, Lg.
Horn-Millinghausen. Seltene
Ausnahmen sind Chassis aus
ausländischer Fertigung wie
dieser Renault, von dem in
Erwitte zwei nahezu bau-
gleiche Exemplare Dienst
versehen. Dieses Fahrzeug
führt 1200 l Wasser mit und
ist mit einer Hale-Pumpe
ausgestattet.

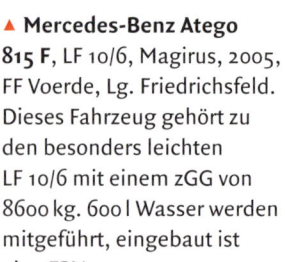

▶ **Iveco 100E21 W**, LF 10/6, Magirus, 2005, FF Wipperfürth, Lg. Thier. 2005 kamen die ersten Löschfahrzeuge mit der modifizierten Iveco-Front auf den Markt. Die Kabine entspricht – abgesehen vom »Facelifting« – weitgehend dem Vorgängermodell.

▼ **Mercedes-Benz Atego 918 AF**, LF 10/6, Magirus, 2005, FF Gladenbach, Lg. Erdhausen. Das Land Hessen beschaffte eine ganze Serie dieser Fahrzeuge im Rahmen des Katastrophenschutzes. Sie sind einheitlich ausgestattet und verfügen über einen Wassertank von 1000 l Inhalt. Die Mannschaftskabine stammt von Lohr-Magirus aus Österreich.

Löschgruppenfahrzeuge LF 16, LF 16/12, LF 20/16, HLF 20/16, LF 16-TS, LF 24

Bei diesen Fahrzeugarten handelt es sich um die Standardfahrzeuge deutscher Feuerwehren schlechthin, die sowohl bei Freiwilligen wie auch bei Berufs- und Werkfeuerwehren weit verbreitet sind. Es gibt kaum eine größere deutsche Feuerwehr, die kein Fahrzeug dieser Klasse ihr Eigen nennt.

LF 16 und LF 16/12

Die seit 1971 genormten LF 16 wiesen neben Gruppenbesatzung (1/8), einer Feuerlöschkreiselpumpe FP 16/8 und einer Standardbeladung einen Löschwasserbehälter von mindestens 800 l Inhalt auf. Die Norm von 1991 legte die mitgeführte Wassermenge auf mindestens 1200 l und maximal 1600 l neu fest, was auch aus der neuen Fahrzeugbezeichnung LF 16/12 hervor-

geht. Bedeutender als dieser Unterschied war jedoch die neu geschaffene Möglichkeit, im Rahmen des zGG von 12 000 kg bis maximal 13 500 kg eine Zusatzbeladung nach örtlichen Anforderungen aufzunehmen. Auch die LF 16/12 dienen vornehmlich der Brandbekämpfung, der Wasserförderung und der Durchführung einfacher technischer Hilfeleistungen. Vor allem Geräte zur technischen Hilfeleistung (Spreizer/Schneidgerät, Rettungszylinder, tragbarer Stromerzeuger u. a.), die beim kleineren LF 8/6 bzw. LF 10/6 nur als Zusatzbeladung mitgeführt werden können, gehören beim LF 16/12, das standardmäßig über Allradantrieb verfügt, zur Grundausstattung.

Die Weiterentwicklung zum LF 20/16 und HLF 20/16 ist auf S. 40 beschrieben. Als Sonderfälle können LF 16-TS und LF 16-TS 8 (S. 46) sowie LF 24 (S. 50) angesehen werden.

◄ **MAN 12.192 FA**, LF 16, Ziegler, 1990, FF Wenzenbach. Die alte, bis 1991 gültige Norm des LF 16 repräsentiert dieses auf einem älteren MAN-Frontlenker aufgebaute Löschgruppenfahrzeug. Hier wurde jedoch schon ein 1200-l-Wassertank eingebaut.

► **MAN 14.225 MALF**, LF 16/12, Ziegler, 2003, BF Nürnberg. Die in diesem Fahrzeug eingebaute Feuerlöschkreiselpumpe trägt bereits die neue Bezeichnung FPN 10-2000. Für einen 15-Tonner (zGG) weist das Fahrzeug eine relativ geringe Motorleistung auf (220 PS).

40/1
112
FEUERWEHR Ziegler
12.192
Ziegler
R-D 3423

FEUERWEHR NÜRNBERG
112
FEUERWEHR
MAN
N 2487

▲ **Mercedes-Benz 1224/36 AF**, LF 16/12, Magirus, 1999, FF Wegberg, Lg. Arsbeck. Ab den 90er Jahren baute Magirus verstärkt auf Fremd-Chassis auf, weil die »hauseigenen« Iveco-Fahrgestelle nicht überall Anklang fanden. Bei diesem Fahrzeug stammt die Kabine von Metz (bzw. einem Subunternehmen).

◄ **MAN 12.224 LC**, LF 16/12, Magirus, 2000, FF Neu-Isenburg. Unter der Bezeichnung »City-LF« baute Magirus verschiedentlich besonders kompakte Fahrzeuge. Dieses Fahrzeug verfügt über 1600 l Wasser, 2 x 100 l Schaummittel (Class-A und Mehrbereich) sowie eine Druckluft-Schaumanlage (CAFS) von Hale.

▲ **MAN LE 220 B**, LF 16/12, Schmitz, 2001, FF Garrel. Der Wilnsdorfer Hersteller Schmitz (heute Gimaex-Schmitz) baute nur wenige LF 16/12 und verwendete dafür Jöhstadt-Pumpen. Bemerkenswert sind die eingebaute Rotzler-Seilwinde (TR 30/5, 50 kN) und eine Druckluft-Schaumanlage »One-Seven« von Schmitz.

▼ **Mercedes-Benz Atego 1325 AF**, LF 16/12, Rosenbauer, 2004, FF Drenstein-furt, Lg. Walstedde. Obwohl die Rosenbauer-Pumpe 2400 l/min bei 8 bar fördert und der Wassertank 2000 l fasst, wird das Fahrzeug offiziell »nur« als LF 16/12 eingestuft. Bei dem Aufbau handelt es sich um die Rosenbauer-Bauform AT 2.

▼ **Mercedes-Benz Atego 1325 AF**, LF 16/12, Schling-mann, 2000, FF Stadthagen. Bei Schlingmann haben die Aufbauten seit Jahren stets drei Geräteräume je Seite. Das Fahrzeug ist mit einem 1600-l-Wassertank ausge-stattet.

▶ **Mercedes-Benz Atego 1328 F**,
LF 16/12, Ziegler, 2006, WF Stora-
Enso GmbH & Co. KG, Werk
Hagen-Kabel. LF 16/12 mit
Straßenantrieb sind deutlich
seltener als die Allrad-Varianten.
Werkfeuerwehren können in
aller Regel auf Allradantrieb
verzichten. Weitere Daten:
FPN 10-2000, 1600 l Wasser.

▼ **Iveco FF 150E18**, LF 16/12,
Magirus, 2005, FF Rommers-
kirchen. Für ein LF 16/12
verfügt dieses Fahrzeug über
einen ungewöhnlich langen
Radstand (4185 mm).

◄ **MAN 14.284 LA-LF**,
LF 16/12, Ziegler, 2001,
FF Weilheim/Oberbayern.
Die hier gewählte Bauform
mit der im Aufbau integrier-
ten Mannschaftskabine bie-
tet gegenüber der üblichen
Ausführung Kostenvorteile.
Das Fahrzeug ist mit einer
Druckzumischanlage (Power
Foam Pro) ausgestattet und
führt neben 1300 l Wasser
100 + 50 l Schaummittel mit.

▼ **Scania P 94 GB 4x2 NZ 260**,
LF 16/12, Rosenbauer, 2002,
FF Gladbeck, Lg. Zweckel-
Rentfort. Das Fahrzeug ist
mit einer Rosenbauer-FP
24/10 ausgestattet. 1500 l
Wasser sowie 130 l AFFF- und
70 l Class-A-Schaummittel
werden mitgeführt. Obwohl
das zGG 18 000 kg beträgt,
wird das Fahrzeug als
LF 16/12 bezeichnet.

LF 20/16 und HLF 20/16

Wie schon beim LF 8/6 bzw. LF 10/6 wurde auch beim LF 16/12 in der Bezeichnung eine Anpassung an die europäischen Normen vorgenommen, so dass ab 2002 die Bezeichnung LF 20/16 (parallel zur Änderung der Pumpenbezeichnung von FP 16/8 in FPN 10-2000) lautet. In der neuen Bezeichnung wurde dann gleich mit berücksichtigt, dass die meisten Feuerwehren in ihren Fahrzeugen statt des 1200-l-Tanks den mit 1600 l Inhalt bevorzugt hatten.

Gleichzeitig wurde diese Fahrzeugklasse unterteilt in das LF 20/16 mit dem Einsatzschwerpunkt Brandbekämpfung, Wasserförderung und technische Hilfeleistung in kleinerem Umfang sowie das Hilfeleistungs-Löschgruppenfahrzeug HLF 20/16, mit dem neben Brandbekämpfung und Wasserförderung auch technische Hilfeleistungen größeren

Umfangs möglich sind. Beladung und Zusatzbeladung sind entsprechend der Zweckbestimmung variabel. Einher ging diese Veränderung mit der Einziehung der Norm für das bisherige Tanklöschfahrzeug TLF 16/25 (siehe S. 58), denn die bisherigen LF 16/12 und das TLF 16/25 hatten sich hinsichtlich Ausstattung und Einsatzzweck immer mehr angenähert.

Bei den (H)LF 20/16 ist sowohl Allrad- als auch Straßenantrieb zugelassen. Neu ist die Erweiterung der Ausstattungsmöglichkeiten um die ohnehin schon häufig anzutreffenden Druckzumisch- und Druckluft-Schaumanlagen und einen fest eingebauten Schaummitteltank. Bei beiden Fahrzeugarten ist auf Wunsch der Einbau einer maschinellen Zugvorrichtung (Seilwinde) möglich. Bei Bedarf können auch größere Löschwassertanks mitgeführt werden (bis 2400 l).

▶ **Mercedes-Benz Atego 1328 F**, LF 20/16, Empl, 2005, FF Rheda-Wiedenbrück, Lg. Wiedenbrück. Der österreichische Hersteller Empl fertigt seit 1996 auch in Deutschland Aufbauten (Klöden/Sachsen-Anhalt). Bei diesem Fahrzeug fand eine FPN 10-2000 von PF Jöhstadt Verwendung. Neben 2500 l Wasser werden 150 l AFFF sowie 50 l Class-A-Foam mitgeführt. Die Kabine stammt vom MAN-Servicebetrieb Wittlich.

▼ **Mercedes-Benz Atego**
1428 AF, LF 20/16, Magirus,
FF Bottrop, Lg. Altstadt. Wie
die nur wenig älteren Tanklöschfahrzeuge TLF 16 führt
auch dieses Fahrzeug 2400 l
Wasser mit. Die Angleichung
von LF 16/12 und TLF 16/25
führte dann zur Streichung
des TLF aus der Norm.

▼ **Mercedes-Benz Atego**
1328 AF, LF 20/16, Schlingmann, 2006, FF Engels-
kirchen, Lg. Ründeroth.
Das zGG von 14 500 kg
erlaubt bei diesem Fahrzeug
einen Löschwassertank mit
2200 l Inhalt. In der Wind-
schutzscheibe steht dem-
entsprechend LF 20/22.

▲ **Mercedes-Benz 1325 F**,
LF 20/16, Lentner, 2006,
FF Pulheim, Lg. Stommeln.
Ursprünglich auf KatS-
Fahrzeuge spezialisiert,
fertigt Lentner seit einigen
Jahren sehr erfolgreich
Löschfahrzeuge. Dabei bildet
die Mannschaftskabine mit
dem Aufbau eine bauliche
Einheit.

▼ **Iveco 140E28 W**, LF 20/16, Magirus, 2006, FF Ettlingen, Abt. Bruchhausen. Das Fahrzeug ist mit einer Schaum-Druckzumischanlage (FireDos 1000), 2400 l Wasservorrat und 200 l Schaummittel ausgestattet. Auffällig ist die Einzelbereifung auf der Hinterachse.

► **MAN ME 14.280**, LF 20/16, RFT, 2006, FF Leichlingen. 2000 l Wasser und 200 l Schaummittel werden in diesem Fahrzeug transportiert. Das zGG beträgt 15 000 kg.

▲ **Iveco 140E28 W**, LF 20/16, Lentner, 2005, FF Rheda-Wiedenbrück, Lg. Batenhorst. Nur selten finden Iveco-Chassis Verwendung für Fremdaufbauten. Eingebaut ist eine FPN 10-2000 von Godiva, an Löschmitteln werden 2400 l Wasser sowie 150 + 50 l AFFF- bzw. Class-A-Schaummittel mitgeführt.

▲ **MAN ME 14.280**, HLF 20/16, Ziegler, 2005, FF Königswinter. Um die über der Hinterachse befindlichen Geräteräume besser erreichen zu können, lassen sich die hinteren Radhausverkleidungen herunterklappen und als Trittfläche verwenden. Weitere Daten: 1600 l Wasser, 150 + 50 l Schaummittel (AFFF + Class A), Druckzumischanlage, FPN 10-2000.

► **MAN LE 14.280**, HLF 20/16, Magirus, 2005, FF Bergheim, Lg. Glessen. Aus »formalen« Gründen wurde dieses Fahrzeug als TLF 16 bestellt und auf dem Typenschild auch als solches bezeichnet. Tatsächlich handelt es sich aber um ein HLF 20/16 mit 2400 l Wasser, 200 l Schaummittel, Druckzumischanlage (FireDos) und Hilfeleistungssatz.

FEUERWEHR
Freiw. Feuerwehr
Stadt Leichlingen
GL 2146

FEUERWEHR
112
MAGIRUS

▲ **MAN LE 14.280**, HLF 20/16, Lentner, 2005, FF Waldbröl. Das Fahrzeug ersetzte ein LF 8 sowie einen Rüstwagen RW 2, weshalb auch eine Seilwinde (Rotzler TR 030/5, 50 kN) eingebaut ist. Die Löschmittelvorräte betragen 1800 l Wasser und 200 l Schaummittel. Eingebaut ist ferner ein Travelpower-Stromerzeuger mit 7,5 kVA.

▲ **MAN TGA 18.310**, HLF 20/16, Lentner, 2005, FF Dornstetten. Der 18-Tonner wurde auf ein zGG von 14 500 kg abgelastet. Eingebaut sind eine FPN 10-3000 sowie eine Druck-zumischanlage, beide von Hale. Löschmittel: 1600 l Wasser, 150 l Schaummittel.

▼ **Mercedes-Benz Atego 1428 A**, HLF 20/16, Lentner 2005, BF Frankfurt/M. Die Feuerwehr Frankfurt hat insgesamt 18 baugleiche HLF in Dienst gestellt. Die Leiter-Lagerung kann zur leichten Entnahme nach hinten gezogen werden. Weitere Daten: FPN 10-3000 von Hale, Foam-master Druckzumischanlage, 2000 l Wasser, 200 l Schaum-mittel, Stromerzeuger 13 kVA.

▲ **Mercedes-Benz Atego 1628 AF**, HLF 20/16, Rosenbauer, 2005, FF Plettenberg. Das 16-t-Fahrzeug erlaubt einen Wasservorrat von 3000 l und einen Schaummittelvorrat von 150 + 50 l (AFFF + Class A). Zur Ausstattung gehören u. a. eine Rotzler-Zugvorrichtung (TR 030/5, 50 kN) und eine CAFS-Anlage (Druckluft-Schaumanlage).

▲ **Mercedes-Benz Atego 1428 A**, HLF 20/16, Ziegler, 2006, FF Pellenz, Lg. Nickenich. Ziegler bietet für die Löschfahrzeuge neben dem dreiteiligen Aufbau wahlweise auch einen zweiteiligen an.

▼ **Mercedes-Benz Axor 1828**, HLF 20/16, Ziegler, 2006, FF Marl. Nach der BF Stuttgart erhielt die FF Marl als zweite Feuerwehr ein Löschfahrzeug auf dem Axor-Chassis von Mercedes. 2400 l Wasser und 200 l Schaummittel stehen im Einsatzfall zur Verfügung, dazu eine Geräteausstattung, die über die normale Ausrüstung des HLF weit hinausgeht.

LF 16-TS und LF 16-TS KatS

In der Betrachtung fehlt noch das LF 16-TS, das eine gewisse Außenseiterrolle einnimmt. LF 16-TS wurden in großen Stückzahlen vom Bund beschafft und den Feuerwehren im Rahmen des Katastrophenschutzes zur Verfügung gestellt. Die Fahrzeuge aus den jüngeren Generationen (8oer Jahre) stehen dabei auch heute noch im Einsatzdienst. Dagegen blieben kommunal beschaffte LF 16-TS stets die Ausnahme.

Wie bereits das LF 8 verfügt auch das LF 16-TS über eine vom Fahrzeugmotor angetriebene Feuerlöschkreiselpumpe und zusätzlich über eine im Aufbau eingeschobene Tragkraftspritze. Schon aus Gewichtsgründen – das zGG ist auf 9500 kg beschränkt – kann kein Löschwasser mitgeführt werden. Dafür ist ein großer Schlauchvorrat zur Wasserförderung über längere Wegstrecken Standard. Einsatzschwerpunkte der mit einer Gruppe besetzten Fahrzeuge sind in erster Linie die Brandbekämpfung, die Wasserförderung und einfache technische Hilfeleistungen. Vielfach ist bei den älteren Fahrzeugen die fest eingebaute Feuerlöschpumpe als freiliegende Frontpumpe ausgeführt.

1995 wurde die Bezeichnung in »LF 16-TS für den Katastrophenschutz« geändert (man findet oft auch die Bezeichnung LF 16-TS KatS). Mehrfach schon war beabsichtigt, die Norm zurückzuziehen, weil praktisch kein Bedarf mehr für solche Fahrzeuge besteht. Eine Anpassung an die europäischen Bezeichnungen ist bislang nicht erfolgt, was darauf schließen lässt, dass auch kein Fortbestand mehr erwünscht ist.

LF 16-TS 8

Das in der DDR in den 8oer Jahren weit verbreitete LF 16-TS 8 entsprach weitgehend dem westdeutschen LF 16-TS, wies aber neben der fest eingebauten Feuerlöschkreiselpumpe FP 16/8 und der Tragkraftspritze TS 8/8 einen 200-l-Wassertank sowie einen Schaummittelvorrat von 200 l auf. Als Fahrgestell diente bis 1990 der IFA W 50 L, wie der LO 2002 ein typisches Vierzweck-Chassis für alle möglichen Aufgaben, vornehmlich aber für militärische Zwecke. Die Fahrzeuge wiesen einen geschlossenen Kofferaufbau und eine Mannschaftskabine für eine Löschgruppe auf. Sie waren vornehmlich zur Brandbekämpfung und für die Wasserförderung ausgelegt. Berufs-, Freiwillige und Werkfeuerwehren waren gleichermaßen mit diesem Standardtyp ausgestattet, der als zuverlässig und robust galt. Noch heute findet man in ländlichen Bereichen zahlreiche dieser Fahrzeuge im Einsatzbestand.

▼ **Iveco-Magirus 90-16 AW**, LF 16-TS, Lentner, 1993, FF Zwenkau. Insgesamt 352 Fahrzeuge dieses Typs beschaffte der KatS von 1990 bis 1993 in zwei Serien. Dieses Fahrzeug ist mit Frontpumpe und TS von Ziegler ausgestattet. Die Kabine stammt von Magirus, der Aufbau von Lentner.

◄ **IFA W 50 L/LF**, LF 16-TS 8, VEB Feuerlöschgerätewerk Luckenwalde, 1987, Traditionsfahrzeug des Feuerwehrmuseums Köln. In dieser Bauform wurde das in der DDR weit verbreitete Fahrzeug bis zur Wende gefertigt. Anders als beim TLF gab es keinen Ganzmetall-koffer (nur als Prototyp).

◄ **Mercedes-Benz 917 AF**, LF 16-TS, Lentner/Voll, 1991, FF Seehausen/Altmark. Die Fahrzeug-Serie mit Lentner-Aufbau, Mannschaftskabine von Voll/Würzburg und Ziegler-Pumpe umfasste 163 Stück; die Fahrzeuge waren – wie auch die Iveco-Serien – zum größten Teil für die neuen Bundesländer bestimmt, um die dortige Mangelsituation zu beheben.

▼ **Mercedes-Benz 1222 AF**, LF 16-TS, GFT, 1990, FF Gifhorn. GFT steht für »Geisselmann Feuerwehrtechnik GmbH, Bad Friedrichshall«. Das nach dem Bachert-Konkurs von 1988 auf dem ehemaligen Bachert-Gelände gegründete Unternehmen wurde bereits 1998 wieder geschlossen.

▲ **Mercedes-Benz 917 AF**, LF 16-TS, Schlingmann, 1991, FF Meinerzhagen. Von der Größenordnung ähnelt das Fahrzeug einem LF 8. Auffällig ist der kurze Radstand.

▲ **MAN 12.192 F**, LF 16-TS, Magirus 1990, FF Dachau. Ein in jeder Hinsicht ungewöhnliches Fahrzeug: MAN-Frontlenker gehörten 1990 unter den Löschfahrzeugen noch zu den Ausnahmen. Die Kombination mit einem Magirus-Aufbau sowie der fehlende Allradantrieb machen das Fahrzeug zu einem Exoten.

▼ **Mercedes-Benz Atego 1325 AF**, LF 16-TS, Ziegler, 2005, FF Bocholt. Obwohl es nur noch eine Norm für die KatS-Fahrzeuge gibt, werden LF 16-TS vereinzelt auch weiterhin von Städten und Gemeinden beschafft. Dieses Fahrzeug führt 1000 m Schlauch mit. Die Klappe am Heck bietet dem Maschinisten Wetterschutz.

LF 24 – zwei in einem

Schon seit den 70er Jahren gingen vor allem Berufsfeuerwehren verstärkt dazu über, Lösch- und Tanklöschfahrzeuge aus dem klassischen Drei-Fahrzeug-Löschzug (LF 16, TLF 16, DLK 23-12) durch ein einzelnes Fahrzeug zu ersetzen. Hintergrund war der Wunsch nach Personal- und Kosteneinsparungen durch den Übergang zu einem einzigen Löschfahrzeug-Typ, der jeweils bedarfsgerecht in ein oder zwei Exemplaren zusammen mit der Drehleiter ausrücken sollte. Vielfach wurden auch überschwere Fahrzeuge mit drei, in Duisburg sogar in einem Fall mit vier Achsen, großen Pumpenleistungen und Löschmittelvorräten sowie umfangreichen Ausstattungen eingesetzt.

Um den »Wildwuchs« der zahllosen Varianten wenigstens halbwegs zu kanalisieren, entstand 1978 eine Norm für das LF 24, das eine Gruppenbesatzung vorsah und für Brandbekämpfung und Löschwasserförderung sowie technische Hilfeleistung auch in größerem Umfang vorgesehen war. Die Typenreduzierung von 1991 »überlebte« diese Norm nicht, zumal nicht sonderlich viele Exemplare gebaut worden waren. Ermöglicht durch Länderrichtlinien (z. B. in NRW), wurden auch nach 1991 noch solche Fahrzeuge in Dienst gestellt; auf die für bestimmte Orte charakteristischen Sonderausführungen mancher Berufsfeuerwehren blieb das Ende der LF 24-Norm ohnehin ohne Auswirkung.

▼ **Iveco-Magirus 160-30 AHW**, LF 24/20-2, Magirus, 1990, BF Gelsenkirchen. Die BF Gelsenkirchen beschaffte als einzige Feuerwehr LF 24 auf diesem Iveco-Chassis. Die Fahrzeuge, die mit einer Hochdruckpumpe ausgestattet sind (FP 24/8 bzw. 2,5/40), stehen 2007 kurz vor der Aussonderung.

▶ **Mercedes-Benz 1831**, LF 24/20-2, Ziegler, 1996, BF Stuttgart. Eine Serie einheitlicher Löschfahrzeuge beschaffte die BF Stuttgart 1996. Der Aufbau war so gestaltet, dass er komplett abgenommen werden kann (z. B. bei Reparaturen). Auffällig ist die bauliche Einheit von Aufbau und Mannschaftskabine.

▼ **Mercedes-Benz 1234 AF**, LF 24/30-2, Rosenbauer, 1996, FF Sindelfingen. Als dieses Fahrzeug beschafft wurde, waren die Alu-Aufbauten von Rosenbauer in Deutschland noch selten. Heute sind sie nichts Ungewöhnliches mehr. Das Fahrzeug ist mit einer Rosenbauer-Pumpe Typ NH 30 mit Hochdruckteil (FP 24/10 bzw. 2,5/40) ausgestattet.

▲ MAN 14.232 F, LF 24/16-2, Ziegler, 1992, BF Köln. Nach einer Reihe von LF 24 mit normalen Abmessungen beschaffte die BF Köln 1992 Fahrzeuge mit einer Breite von nur 2300 mm und kurzen Radständen, um in der Innenstadt mobiler zu sein. Die Fahrzeuge sind mit einer Rotzler-Winde (TR 035, 50 kN) und einer FP 24/8 für Normal- und Hochdruckbetrieb ausgestattet.

▼ MAN 14.264 MA-LF, LF 24/24, Ziegler, 1999, FF Vlotho. Die nach den Richtlinien des Landes NRW beschafften LF 24 haben dem LF 16/12 vergleichbare Abmessungen. Auch dieses Fahrzeug hat Allradantrieb und ist mit einer 50-kN-Seilwinde sowie einem eingebauten Stromerzeuger (20 kVA) ausgerüstet.

▼ MAN 19.272 FA, LF 24, Ziegler, 1994, BF Salzgitter. Ein Vertreter der beim LF 24 verbreiteten Größenordnung (langer Radstand) ist dieses Fahrzeug, das als Besonderheit Allradantrieb aufweist.

▲ **Mercedes-Benz Atego 1328 F**,
LF 24/16, Ziegler, 2000,
BF Köln. Auch dieses Kölner
Fahrzeug weist eine Breite von
nur 2300 mm auf (normal sind
2500 mm). Das zGG beträgt
14 200 kg.

◀ **Scania P 94 DB 4x2 NB 310**,
HLF 24/20, Rosenbauer,
2000, BF Karlsruhe. Als erste
deutsche BF beschaffte
Karlsruhe Löschfahrzeuge
auf schwedischen Scania-
Fahrgestellen. Die 18-Tonner
sind mit einer Rosenbauer-
FP 24/8 ausgestattet und
entsprechend den örtlichen
Belangen bestückt.

Tanklöschfahrzeuge TLF 8

Gleichzeitig mit der Norm für das TLF 16 (1970) erschien die Norm für das kleine Tanklöschfahrzeug TLF 8/18, das vor allem für Feuerwehren in ländlichen und waldreichen Gebieten gedacht war und vornehmlich in Norddeutschland auch große Verbreitung fand. Die mit einer Truppbesatzung (1/2) ausrückenden Fahrzeuge dienen ganz überwiegend zur Durchführung eines Schnellangriffs bei Brandeinsätzen und der Versorgung der Einsatzstellen mit Löschwasser – bei Bedarf auch im Pendelverkehr.

In der von 1988 bis 1991 gültigen letzten Fassung des Normblatts war für Fahrzeuge mit Straßenantrieb ein zulässiges Gesamtgewicht von 7500 kg vorgesehen, bei Allradantrieb von 9000 kg. Damit wurden Löschwasservorräte von 2100 l bzw. 1800 l ermöglicht. Da die Gewichtsgrenzen der Norm sehr eng gesteckt waren, gab es in Niedersachsen TLF 8 (S) und TLF 8 (W) nach Landesrichtlinien, bei denen die zGG-Limits weiter gefasst wurden. Dabei ist das einzelbereifte TLF 8 (W), für das in erster Linie der Unimog als Fahrgestell in Betracht kommt, speziell für Waldbrandeinsätze und dergleichen vorgesehen. Der Wasservorrat bei diesen für Niedersachsen typischen Fahrzeugen soll mindestens 1800 l betragen (bei einem zGG von maximal 7490 kg).

Vergleichbare Fahrzeuge gab es in der DDR nicht.

▼ **Mercedes-Benz Unimog U 1300 L**, TLF 8/24, Ziegler, 1991, FF Reichshof, Lg. Mittelagger. Vor allem in ländlichen Gebieten mit schwierigen Gelände- und/ oder Witterungsverhältnissen erfreut sich der äußerst geländegängige Unimog großer Beliebtheit.

▶ **Mercedes-Benz 917 AF**, TLF 8/18, Schlingmann, 1991, WF RWE Energie AG, Kraftwerk Goldenberg, Hürth-Berrenrath. Einzelbereifung und Allradantrieb ermöglichen bei diesem Fahrzeug auch Einsätze abseits befestigter Wege.

▼ **Mercedes-Benz 814 F**, TLF 8/18, Ziegler, FF Schortens, Ofw. Accum. Fahrzeuge wie dieses sind vor allem in Niedersachsen weit verbreitet und werden dort auch heute noch beschafft, obwohl die Norm für das TLF 8/18 schon längst nicht mehr existiert.

▼ **Iveco ML 75E14**, TLF 8/18, Magirus, 1997, FF Landesbergen, Ofw. Leeseringen. Ungewöhnlich ist bei diesem Fahrzeug die Verwendung eines Aufbaus mit je drei seitlichen Geräteräumen.

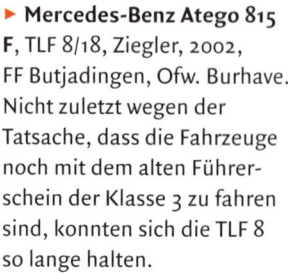

▶ **Mercedes-Benz Atego 815 F**, TLF 8/18, Ziegler, 2002, FF Butjadingen, Ofw. Burhave. Nicht zuletzt wegen der Tatsache, dass die Fahrzeuge noch mit dem alten Führerschein der Klasse 3 zu fahren sind, konnten sich die TLF 8 so lange halten.

▼ **Mercedes-Benz Unimog U 2450 L**, TLF 8/20-2, Schlingmann, 1997, WF Rheinbraun AG, Tagebau Hambach. Das Fahrzeug ist u. a. mit einer Hilfeleistungsausrüstung beladen. Wegen der extrem hohen Verwindungskräfte bei Geländefahrten sind die Jalousien mit Knebelverschlüssen ausgestattet.

▲ **Volkswagen L 80**, TLF 8/20-4, Ziegler, 1996, WF Volkswagenwerk AG, Wolfsburg. Der VW L 80 fand als Feuerwehrfahrzeug fast ausschließlich bei VW-Werken Verwendung. Bei diesem Fahrzeug wurde ein älterer Aufbau von einem Fahrgestell der Vorgänger-Reihe (VW-MAN Gemeinschaftsreihe) umgesetzt.

▶ **MAN 8.163 L-LF**, TLF 8/18, Schlingmann, 2000, FF Ovelgönne, Ofw. Großenmeer. Schlingmann baute – wie bei diesem Fahrzeug – seinerzeit noch Feuerlöschkreiselpumpen von Rosenbauer in seine Fahrzeuge ein. Heute verfügt das Unternehmen über eigene Pumpen.

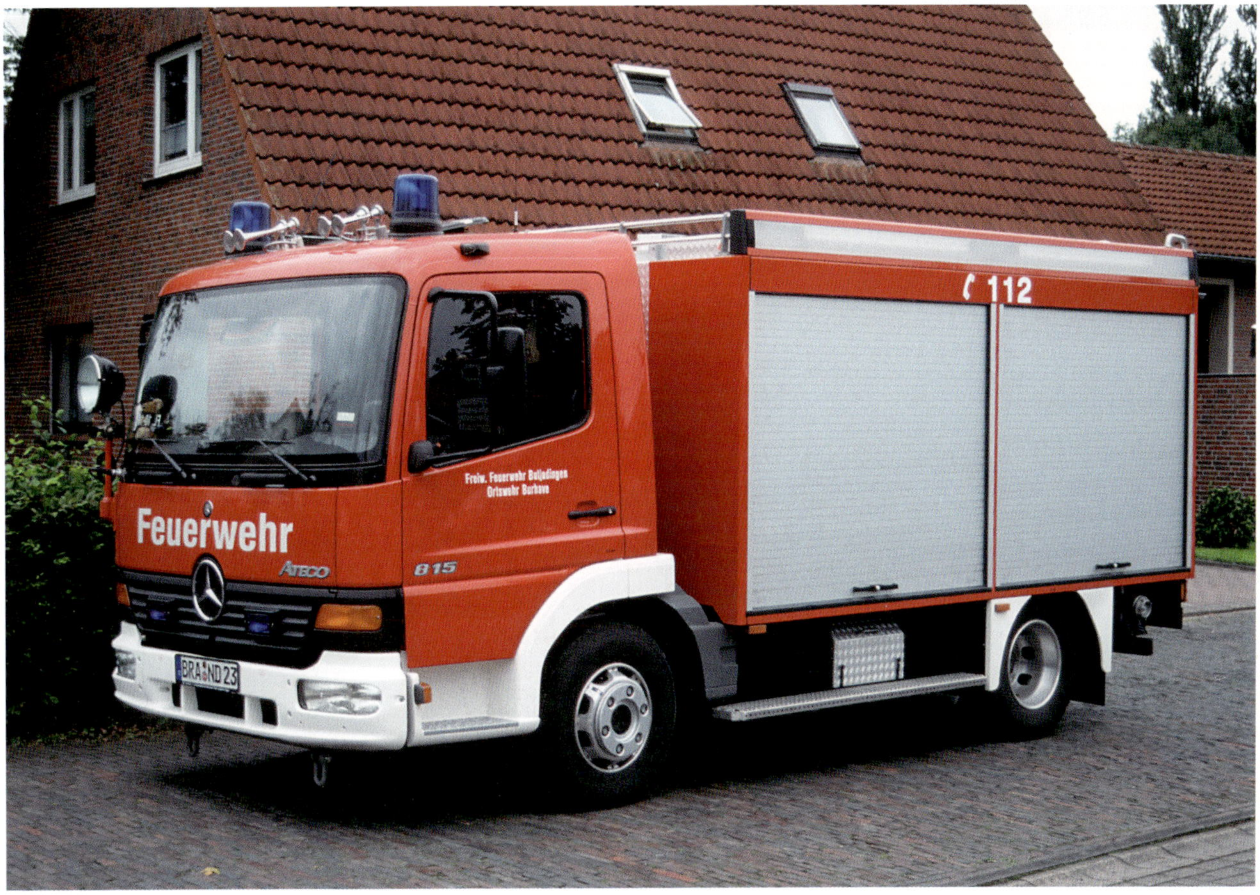
112
Freiw. Feuerwehr Butjadingen
Ortswehr Burhave
Feuerwehr
ATECO
815
BRA ND 23

FEUERWEHR 112
Freiwillige Feuerwehr
Gemeinde Ovelgönne
Ortswehr Großenmeer
8.163
MAN
Schlingmann
Schlingmann
BRA GR 63

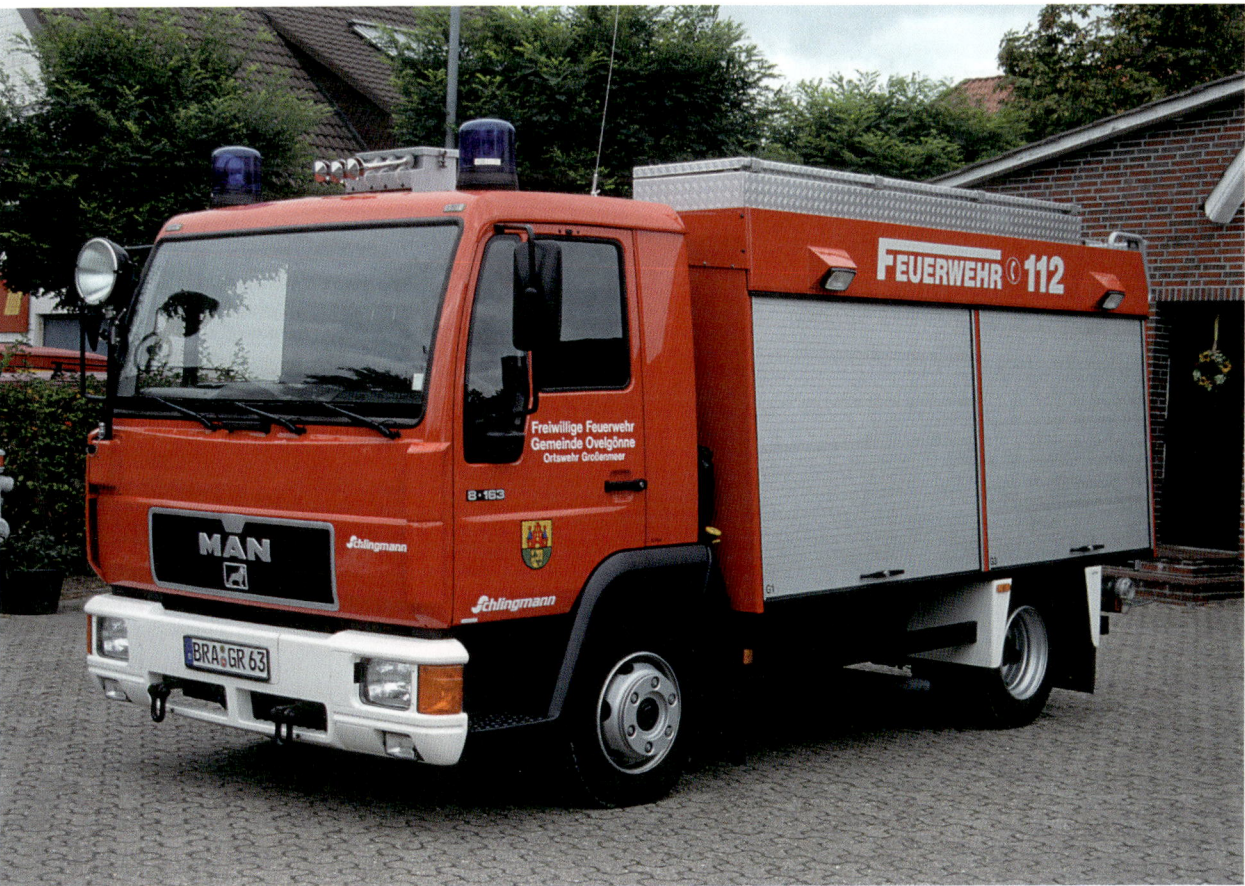

Tanklöschfahrzeuge TLF 16 und TLF 16/25

Neben dem LF 16 bzw. LF 16/12 gehört das TLF 16/25 bzw. TLF 16 bis heute zum Standard in deutschen Löschzügen – in Ost und in West. Ebenso wie das LF 16/12 dient das TLF 16/25 – die erste Norm von 1970 benannte die Fahrzeuge noch als TLF 16 – in erster Linie der Brandbekämpfung. Der große Wasservorrat bringt es mit sich, dass die Fahrzeuge häufig zum Erstangriff eingesetzt werden, während eine Wasserversorgung – sofern nötig – noch aufgebaut wird. TLF 16/25 bilden mit ihrer Staffelbesatzung (1/5) eine selbstständige taktische Einheit und dürfen nach der Norm (Fassung von 1988, Überarbeitung von 1995) 2400 l Wasser (plusminus 4 %) bei einem zulässigen Gesamtgewicht von 12 000 kg mitführen. Obligatorisch ist eine im Heck eingebaute Feuerlöschkreiselpumpe FP 16/8. Die Norm lässt sowohl Straßen- wie auch Allradantrieb zu, wobei allerdings tatsächlich die mit Allradantrieb beschafften Fahrzeuge bei weitem überwiegen. Im Rahmen landesspezifischer Vorschriften war auch das Mitführen von Hilfeleistungsgeräten möglich. Mit der Einführung der neuen Typen (H)LF 20/16 wurde die TLF-Norm zurückgezogen.

TLF 16 in der DDR

In der DDR gab es ein mit TLF 16 bezeichnetes Tanklöschfahrzeug, dass dem westlichen TLF 16/25 recht ähnlich war. Seit 1969 wurde für diese Reihe ausschließlich das Allrad-Chassis W 50 LA von IFA verwendet, zunächst noch mit einem Aufbau mit seitlich angeschlagenen Geräteraumtüren, ab 1985 mit einem »Ganzmetallkoffer« (neue Bezeichnung TLF 16 GMK) mit Jalousieverschlüssen (zwei Geräteräume je Seite, einer am Heck). Alle Aufbauten stammen aus dem VEB Feuerlöschgerätewerk Luckenwalde (später FGL-Metz, heute Rosenbauer RFT). Gebaut wurden die Fahrzeuge bis zur Wende 1989/90. Die Kabine war der vom LF 16 TS 8 ähnlich, jedoch kürzer und bot einer Besatzung von 1/5 Platz. Der Wasservorrat belief sich auf 2000 l, dafür war aber ein 500 l fassender zweiter Behälter für Schaummittel eingebaut.

◄ **Mercedes-Benz 1222/36 AF**, TLF 16, Ziegler, 1991, WF Shell Raffinerie Hamburg. Entgegen der Norm führt das Fahrzeug nur 1500 l Wasser mit, ist dafür aber mit einem 1000-l-Schaummitteltank ausgestattet. Äußerlich ist das Fahrzeug vom »normalen« TLF 16/25 nicht zu unterscheiden.

► **Iveco-Magirus 120-23 AW**, TLF 16/25, Magirus, 1991, FF Wittingen. Der Aufbau weist noch keine tiefgezogenen Geräteräume auf. Magirus verwendete als einziger Aufbau-Hersteller diese Iveco-Chassis – und zwar damals noch fast ausschließlich.

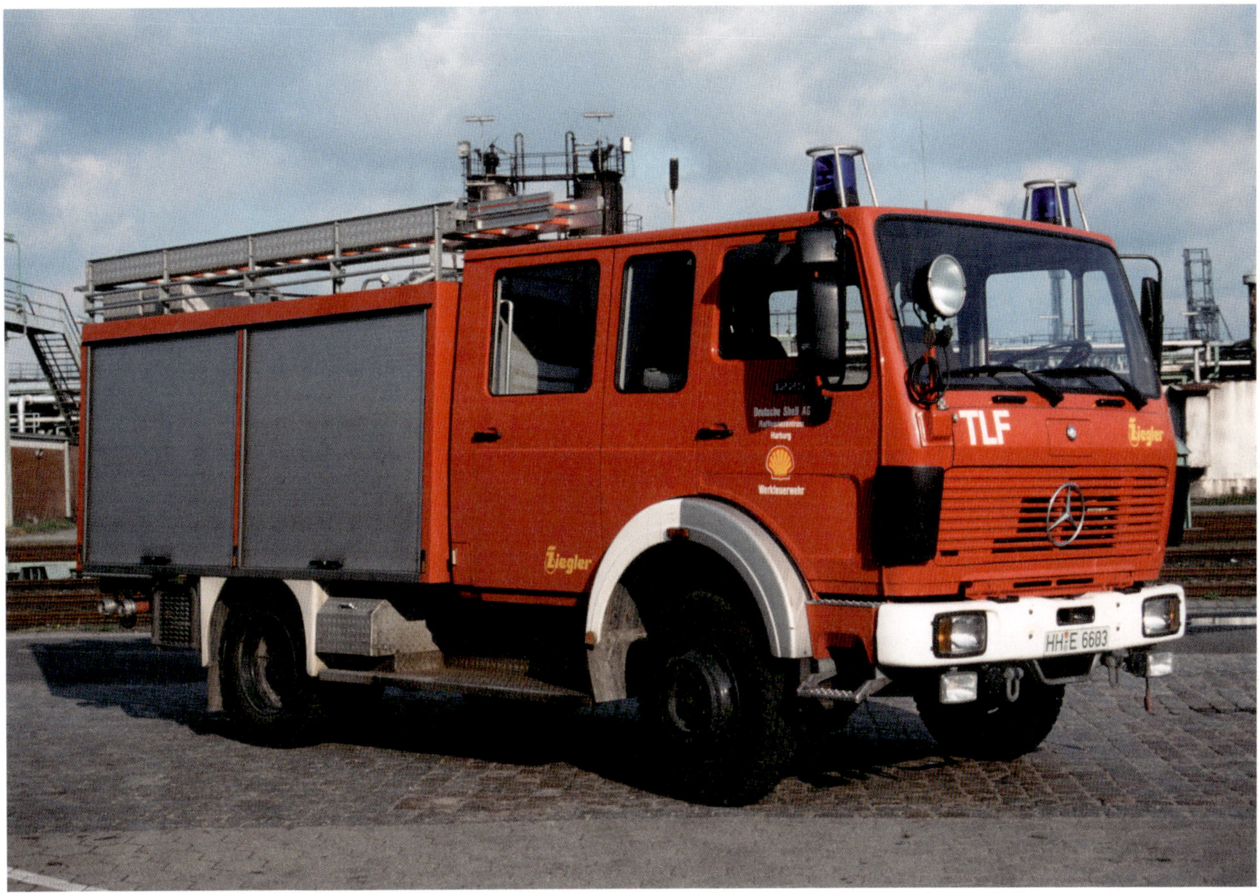
TLF
Ziegler
Ziegler
HH·E 6683

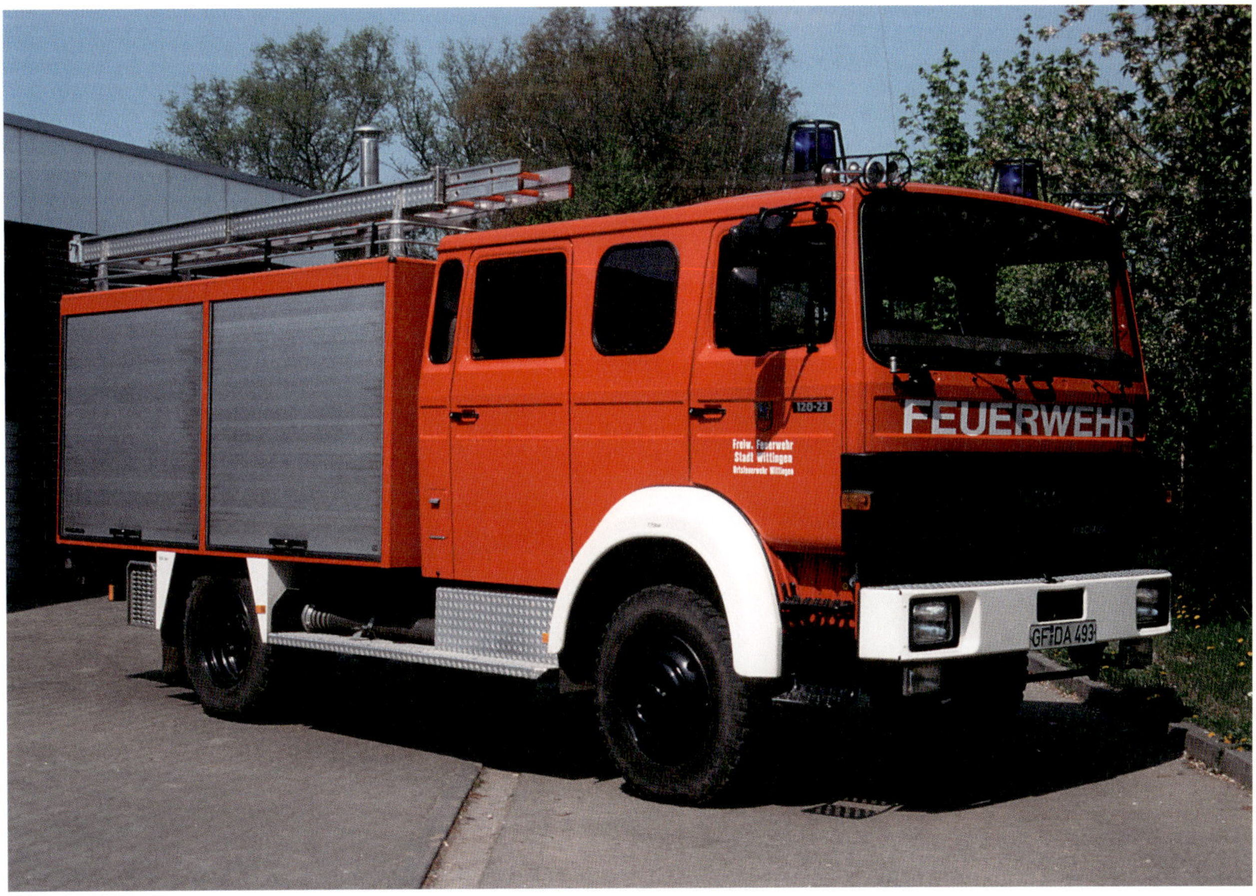
FEUERWEHR
120-23
GF·DA 493

WERK FEUERWEHR
LMBV
FEUERWEHR
IFA
SFB KC 27

FEUERWEHR
FEUERWEHR 112
MAN
14.224
NR 2324

◀ **IFA W 50 LA/TLF**, TLF 16 GMK, 1988, WF Lausitzer Mitteldeutsche Bergbau Verwaltungsgesellschaft mbH (LMBV), Kraftwerk Sonne, Freienhufen. Der von 1985 bis 1990 gefertigte »Ganzmetallkoffer« (GMK) erschien den Verantwortlichen immerhin so wichtig, dass dies in die offizielle Bezeichnung Eingang fand. Einzelbereifung gehörte bei diesen Fahrzeugen nicht zum Standard.

▼ **Mercedes-Benz 1124 F**, TLF 16/25, Schlingmann, 1994, FF Siegburg. Die Modelle der »Leichten Klasse« (LN 2) bis 15 000 kg zGG stellte Mercedes 1984 vor. Auf diesen Chassis entstanden zahlreiche Feuerwehrfahrzeuge – bis zur Ablösung durch die Atego-Reihe ab 1998. Auffällig ist an diesem TLF der fehlende Allradantrieb.

◀ **MAN 14.224 MA-LF**, TLF 16/25, Schlingmann, 1999, FF Bad Hönningen. Das Fahrzeug stammt noch aus einer Zeit, als Schlingmann Rosenbauer-Pumpen (FP 16/8) einbaute. Der Wasservorrat beträgt 2800 l.

▲ **Terberg FL 1150-0132 4x4**, TLF 16/25-5, TollarpKaross, 1993, FF Feldberg. Das mit einem Volvo-Diesel ausgestattete Chassis des niederländischen Spezialfahrzeug-Herstellers Terberg ist ein Einzelstück in Deutschland. Auch bei der Kabine wurde auf Volvo-Teile zurückgegriffen.

▲ **Renault M 210.13 4x4**, TLF 16/25, Empl, 1997, FF Hirschberg. Ein weiteres Einzelstück, diesmal auf Renault-Basis und mit einer Jöhstadt-Pumpe ausgestattet. Das zGG beträgt 12 000 kg.

◄ **MAN 14.224 LAC**,
TLF 16/25, Metz, 1998,
FF Gardelegen. Das Fahr-
zeug ist speziell zur Ausleuchtung von Einsatzstellen
ausgestattet und verfügt
über einen Stromerzeuger
(8 kVA) sowie einen
ausfahrbaren Lichtmast.

▼ **Iveco FF 135E22 W**,
TLF 16/25, Magirus, 1994,
FF Neustadt/Weinstraße.
Magirus erschien mit der
EuroFire-Reihe 1993. Erst
2004 erhielten die Modelle
ein »Facelifting«.

▲ **Mercedes-Benz Atego 1328 AF**, TLF 16/25, Magirus, 2002, FF Calden. Dieses Fahrzeug ist mit der originalen Magirus-Kabinenverlängerung ausgestattet. Alternativ bietet Magirus auch die Mannschaftskabine von Lohr an sowie die Integrale-Bauform, bei der der Mannschaftsraum Teil des Aufbaus ist.

▲ **Mercedes-Benz 1328/38, 6 AF**, TLF 16/25, Marte, 2004, FF Grünenbach. Fahrzeuge des österreichischen Herstellers Marte aus Weiler/Vorarlberg sind in Deutschland relativ selten. Dieses TLF ist mit einer FPN 10-2000 von Ziegler ausgestattet.

▼ **MAN ME 14.250**, TLF 16/25, RFT, 2003, FF Schönebeck/Elbe. Das mit einem 3000-l-Tank ausgestattete Fahrzeug besitzt einen Aufbau in Alu-Stahl-Verbundbauweise (AS-Aufbau) und weist ein zGG von 14 000 kg auf.

Tanklöschfahrzeuge TLF 16/24-Tr

Bei diesen Fahrzeugen gab es weder im Osten noch im Westen Deutschlands Vorgängertypen, vielmehr handelt es sich um eine erstmals 1991 genormte neue Fahrzeugart. Die mit einer Truppbesatzung eingesetzten Fahrzeuge dienen zur Durchführung eines Schnellangriffs bei Brandeinsätzen und zur Löschwasserversorgung. Als Nachfolger des TLF 8/18 kann die Reihe nicht angesehen werden, obwohl ältere TLF 8/18 verschiedentlich durch TLF 16/24-Tr ersetzt wurden.

Bei einem zulässigen Gesamtgewicht von 12 000 kg ist Allradantrieb vorgeschrieben, ebenso eine fest eingebaute Heckpumpe FP 16/8 mit Schnellangriffsvorrichtung. Die Norm ist nach wie vor gültig, mit geringfügigen Änderungen von 1995 und 2002. Dennoch werden bis heute keine großen Stückzahlen gebaut, zumal die Fahrzeuge als selbstständige Einheiten nicht agieren können, da dafür weder Besatzung (1/2) noch Beladung ausreichen.

▶ **Mercedes-Benz 917 AF**, TLF 16/24-Tr, Fahrzeugbau Holzminden, 1993, FF Naumburg/Saale. Der Hersteller aus dem Weserbergland fertigte nur wenige Aufbauten für Feuerwehrfahrzeuge.

▶ **Iveco 90-16 AW**, TLF 16/24-Tr, Magirus, 1993, FF Gummersbach, Lg. Hülsenbusch. Ursprünglich war das Fahrzeug bis 1997 auf der hauptamtlich besetzten Gummersbacher Feuerwache eingesetzt, wo es bereits nach wenigen Einsatzjahren durch ein TLF 16/25 ersetzt wurde.

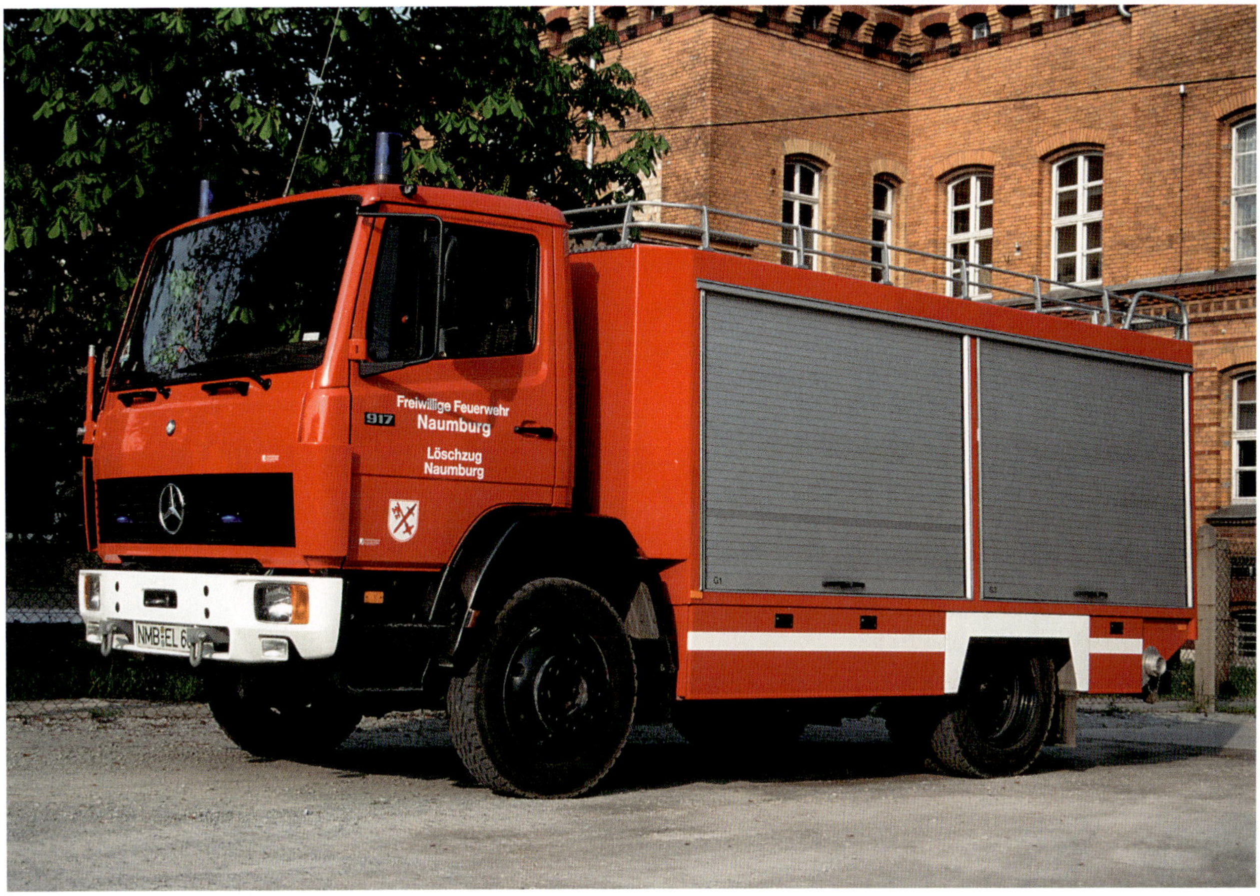
Freiwillige Feuerwehr
Naumburg
917
Löschzug
Naumburg

3-21-4
Feuer - Notfall 112
FEUERWEHR
90-16
FREIWILLIGE FEUERWEHR
GUMMERSBACH
IVECO
GM 2095

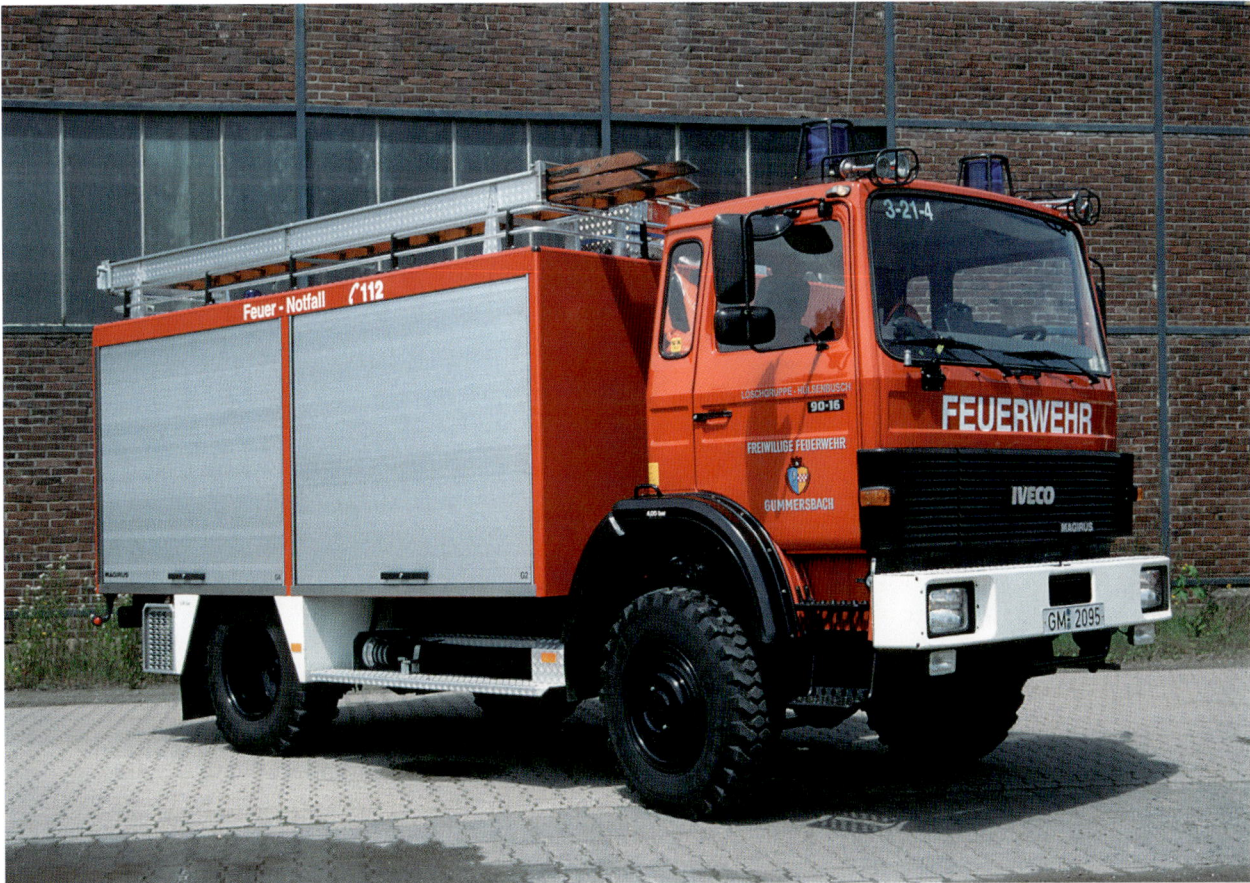

▲ **VW-MAN 8.150 FAE**,
TLF 16/24-Tr, Schlingmann,
1992, FF Drolshagen, Lg.
Iseringhausen. Auf den
Chassis der Gemeinschafts-
baureihe von VW-MAN sind
nur wenige TLF 16/24-Tr
gebaut worden. Dieses TLF
diente bis 2002 beim
»Institut der Feuerwehr
NRW«, Münster/W., als
Ausbildungsfahrzeug.

▼ **Mercedes-Benz Unimog
U 1550 L**, TLF 16/24-Tr,
Schlingmann, 1998, BF So-
lingen. In Bergstädten wie
Solingen haben sich Fahr-
zeuge wie dieses wegen ihrer
kompakten Abmessungen
und der guten Fahreigen-
schaften bei winterlichen
Wetterbedingungen bewährt.

▼ **Mercedes-Benz Atego 918
A**, TLF 16/24-Tr, Magirus, 2005,
FF Werlte, Lg. Lahn. Der Magirus-Aufbau ist sehr niedrig
gehalten, weist dafür aber eine
größere Länge und je drei
seitliche Geräteräume auf.

▲ **Mercedes-Benz Atego 925 AF**, TLF 16/24-Tr, Ziegler, 2005, BF Iserlohn. Bei einem zGG von 10 500 kg weist das Fahrzeug einen Wasservorrat von 2200 l auf.

▶ **Iveco 135E23 W**, TLF 16/24-Tr, Magirus, 2000, WF RWE Power AG, Tagebau Fortuna, Bergheim. Im Rheinischen Braunkohlerevier wird eine Vielzahl solcher Fahrzeuge eingesetzt. Nachdem auch MAN und Iveco geländetaugliche Chassis anbieten, ist der Unimog nicht mehr »Alleinherrscher« auf diesem Gebiet.

Tanklöschfahrzeuge TLF 24/50, TLF 16/45, TLF 20/40, TLF 20/40-SL

Die Normung des westdeutschen TLF 24/50 geht auf das Jahr 1978 zurück. Die seit 1989 gültige Abfassung sieht Straßen- oder Allradantrieb bei einem zulässigen Gesamtgewicht von maximal 17 000 kg, eine Truppbesatzung (1/2), eine im Heck eingebaute, wie üblich vom Fahrzeugmotor angetriebene Feuerlöschkreiselpumpe FP 24/8 sowie Vorräte von 4800 l Wasser (gegenüber 1978 von 5000 l aus Gewichtsgründen verringert) und 500 l Schaummittel vor. Waren in den 80er Jahren noch Stahlaufbauten üblich, setzten sich in den 90ern erstmals in Deutschland komplett aus GFK gefertigte Aufbauten durch. Seit einigen Jahren dominieren so genannte Modul-Aufbauten, die in der vorderen Einheit zwei seitliche Geräteräume, in der Mitte ein Tankmodul und am Heck ein weiteres Geräteraummodul mit zwei seitlichen und einem heckseitigen Geräteraum aufweisen.

TLF 24/50 dienen wegen des großen Wasservorrats vornehmlich der Brandbekämpfung. Auf dem begehbaren Aufbaudach befindet sich ein Schaum-Wasser-Werfer. In der Regel haben moderne Fahrzeuge heute ein zulässiges Gesamtgewicht von 18 000 kg; Allradantrieb überwiegt deutlich.

TLF-W und TLF 16/45

In der DDR gab es keine vergleichbaren Fahrzeuge. Nach der Wiedervereinigung herrschte in den neuen Bundesländern ein empfindlicher Mangel an Tanklöschfahrzeugen, deren Beschaffenheit Einsätze bei Wald- und Heidebränden und dergleichen ermöglichen sollte. Die Beschaffung von TLF 24/50 erschien den Verantwortlichen wohl unangemessen und zu teuer. Als Alternativen beschafften Sachsen so genannte TLF-W (W für Waldbrand) und Brandenburg TLF 16/45 nach Landesrichtlinien (siehe S. 72 links und S. 71 unten). Beide Typen sind weitgehend identisch und weisen eine FP 16/8 sowie 4500 l Wasser auf; Allradantrieb mit Differenzialsperren an beiden Achsen sowie Einzelbereifung sind obligatorisch.

Ganz ähnliche Fahrzeuge werden auch in Rheinland-Pfalz seit einigen Jahren beschafft, um die dort zahlreich vorhandenen, zur Aussonderung anstehenden TLF 24/50 zu ersetzen.

TLF 20/40 und TLF 20/40-SL

Als Ersatz für die beliebten TLF 24/50, die im Normenwerk ab 2006 nicht mehr vorgesehen sind, können TLF 20/40 und TLF 20/40-SL gelten (siehe S. 72/73). In diese neuen Benennungen haben die Änderungen der Typenbezeichnungen bei den Feuerlöschpumpen Eingang gefunden.

Beide Reihen dienen der Brandbekämpfung und der Löschwasserversorgung und weisen Truppbesatzung auf (1/2). Heckseitig eingebaute Feuerlöschkreiselpumpen mit Antrieb vom Fahrzeugmotor sind vorgesehen, außerdem muss ein Betrieb der Pumpe auch bei langsam fahrendem Fahrzeug (»Pump and Roll«) möglich sein. Für das TLF 20/40 sind 14 000 kg als Tonnageklasse (zGG) vorgesehen.

Das TLF 20/40-SL entspricht weitgehend dem TLF 24/50, ist für ein zGG von 18 000 kg vorgesehen und soll über mindestens 4000 l Löschwasser- und mindestens 500 l Schaummittelvorrat verfügen. Die Verringerung des Wasservorrats gegenüber dem Vorgängertyp ermöglicht Gewichtsreserven, die für weitere Sonderlöschmittel (SL) genutzt werden können, z. B. eine Pulver- oder CO_2-Löschanlage, aber auch für einen größeren Schaummitteltank. Ermöglicht wird auch der Einbau einer Schaum-Druckzumischanlage oder einer Druckluft-Schaumanlage.

▼ **MAN 19.322 FA**, TLF 24/50, GFT, 1994, FF Regenstauf. Aufbauhersteller GFT aus Bad Friedrichshall verbaute eigene Feuerlöschpumpen, die bei Godiva in England hergestellt wurden. Nach der Schließung des Werkes 1998 ist das Unternehmen heute schon fast in Vergessenheit geraten.

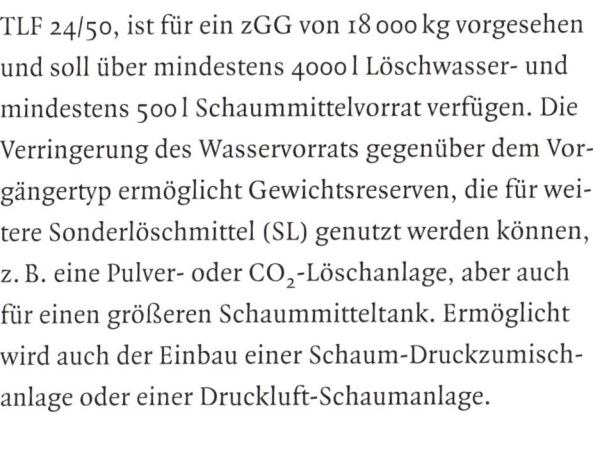

▲▲ **Mercedes-Benz 1729 AK**, TLF 24/50, Ziegler, 1990, FF Bocholt. Beim TLF 24/50 befindet sich der Tank in der Regel über der Hinterachse, weshalb nur kleine, seitlich zugängliche Geräteräume und ein Bedienstand für die Heckpumpe vorhanden sind.

▲ **Iveco 160-30 AHW**, TLF 24/50, Magirus, 1993, BF München. Vier Exemplare dieses relativ seltenen Fahrgestelltyps hat die BF München beschafft. Auffällig ist bei diesem Tanklöschfahrzeug das hohe Geländer auf dem begehbaren Aufbau.

▲ **Mercedes-Benz 1831 AK**, TLF 24/50, Metz, 1995, BF Gießen. Die beim niederländischen Hersteller Plastisol gefertigten GFK-Aufbauten für TLF 24/50 verwendeten nahezu alle Hersteller mit nur geringen Abwandlungen.

▲ **Mercedes-Benz Unimog U 2150 L**, TLF 24/50, FGL, 1992, FF Spremberg. Der ehemalige VEB Feuerlöschgerätewerk Luckenwalde firmierte ab 1990 zunächst unter FGL, ehe Metz das Unternehmen nach Konkurs 1996 übernahm. Vor allem in den neuen Bundesländern fanden (Metz-) FGL-Fahrzeuge große Verbreitung.

▲ **Mercedes-Benz Actros 1831 AK**, TLF 24/50, Magirus, 2002, FF Marburg/Lahn. Das Fahrzeug ist mit einer Pulverlöschanlage PLA 250 (250 kg Inhalt) ausgerüstet, die für Reparaturzwecke und dergleichen per Gabelstapler herausgehoben werden kann.

▼ **Iveco FF 190E30**, TLF 24/50, Magirus, 1998, WF InfraServ Knapsack, Hürth-Knapsack. Angesichts der vorhandenen Infrastruktur bzw. der örtlichen Verhältnisse konnte die Feuerwehr auf den sonst bei Fahrzeugen dieser Art üblichen Allradantrieb verzichten.

▲ **MAN 18.285 LAC**,
TLF 24/50, Ziegler, 2001,
BF Nürnberg. Das zwei-
achsige MAN-Chassis der
L-Reihe erreicht ein zGG
von bis zu 18 000 kg, das bei
diesem Fahrzeug mit 4800 l
Wasser und 500 l Schaum-
mittel auch ausgeschöpft
wird.

▲ **MAN TGA 18.410**,
TLF 24/50, Ziegler, 2004,
BF Iserlohn. Die TGA-Reihe
von MAN beginnt erst bei
18 000 kg zGG . Dieses
Fahrzeug, das ebenfalls
4800 l Wasser und 500 l
Schaummittel transportiert,
ist mit üppigen 410 PS
ausgestattet.

▼ **Mercedes-Benz 1124 AF**,
TLF 16/45, Ziegler, 1994,
FF Bernau. Das Fahrzeug
eignet sich u. a. auch für
Waldbrandeinsätze. Aufbau-
hersteller Ziegler fertigte den
Koffer aus drei Modulen:
vorne und am Heck jeweils
ein Geräteraummodul, mittig
das Tankmodul.

▲ **MAN 14.224 LAE-LF**, TLF-W, Schlingmann, 1998, FF Borna. In Sachsen werden diese Fahrzeuge als TLF-Waldbrand bezeichnet, es handelt sich jedoch auch um TLF 16/45. Das 14-t-Chassis wurde bei diesem Fahrzeug auf 12 000 kg zGG abgelastet.

▲ **Mercedes-Benz Atego 1325 A**, TLF 20/40, Magirus, 2006, FF Wegberg, Lg. Arsbeck. Auffällig ist an dem Fahrzeug der sehr kurze Radstand, der in Verbindung mit der einzelbereiften Hinterachse und einem hoch liegenden Fahrzeugschwerpunkt keine besonders guten Fahreigenschaften erwarten lässt.

▶ **MAN TGA 18.310**, TLF 20/40-SL, Empl, 2006, FF Seligenstadt. 5000 l Wasser und 500 l Schaummittel sind bei diesem TLF an Bord. Eingebaut ist eine FPN 10-2000 von PF Jöhstadt.

▼ **Mercedes-Benz Atego 1325 AF**, TLF 16/45, RFT, 2005, FF Mendig. Eingebaut ist eine FPN 10-2000, zusätzlich zu den 4500 l Wasser werden 150 l Schaummittel mitgeführt.

▼ **MAN LE 18.280**, TLF 20/40-SL, Ziegler, 2006, FF Dormagen, Lg. Hackenbroich. 4800 l Wasser und 500 l Schaummittel entsprechen den Löschmittelvorräten des früheren TLF 24/50. Ungewöhnlich ist die Kabine für eine Besatzung von 1/5, die MAN/ Wittlich fertigte. Auch dieses Fahrzeug ist in Modul-Bauweise gehalten.

▶ **Mercedes-Benz Actros 1836 A**, TLF 20/40-SL, Ziegler, 2006, FF Landstuhl. Die Löschmittel verteilen sich bei diesem Fahrzeug auf 4800 l Wasser, 700 l Schaummittel (50 l Class A, 150 l AFFF, 500 l F50) sowie 250 kg Löschpulver.

FEUERWEHR
SELIGENSTADT
FEUERWEHR
MAN
Stadt Seligenstadt
TLF 20/40 SL

FEUERWEHR
112
Freiwillige Feuerwehr
Verbandsgemeinde
Landstuhl
FEUERWEHR

Tanklöschfahrzeuge TLF 32

Auch in der DDR gab es Tanklöschfahrzeuge mit gro
ßen Löschmittelvorräten. Sie trugen die Bezeichnung
TLF 32 und entstammten ausnahmslos ausländischer
Fertigung. Verwendete man zunächst Haubenfahrgestelle des tschechischen Herstellers Tatra, so kamen
ab 1982 deren Frontlenker vom Typ T 815 mit Einzelbereifung und Allradantrieb zum Zuge. Die mit einer
Truppbesatzung bedienten Fahrzeuge verfügten über
8200 l Löschwasser und 800 l Schaummittel. Als Feuerlöschpumpe erhielten die ausnahmslos von Karosa
aufgebauten Fahrzeuge eine FP 32/8.

Die Fahrzeuge konnten zwar selbstständig eingesetzt werden, wurden aber überwiegend zusammen mit weiteren Lösch- oder Tanklöschfahrzeugen
verwendet, und zwar sowohl bei Werkfeuerwehren
als auch bei Flughäfen und großen Feuerwehreinheiten. Nach der Wende wurden noch ganz vereinzelt
ähnliche Fahrzeuge auf etwas jüngeren Chassis in
Dienst gestellt, teilweise wurden ältere Exemplare
auch beim Hersteller überarbeitet und modernisiert;
im Einsatzbestand sind derartige Fahrzeuge noch
heute zu finden.

▼ **Tatra T 815 PR 2**,
SLF 32/60-30, tht, 1989,
WF Buna SOW Leuna,
Schkopau. Das erst kurz vor
der Wende ausgelieferte
Fahrzeug wurde 1996 beim
Hersteller tht einer Modernisierung unterzogen.

Kommunale Sonderlöschfahrzeuge

Bei den großen Berufsfeuerwehren gab es ab den 70er Jahren teils umfangreiche Bestrebungen, den Fuhrpark an die örtlichen Gegebenheiten und Erfordernisse anzupassen. Wichtigstes Motiv war dabei, mit möglichst wenig Einsatzkräften effektiv vorgehen zu können. Vor allem bei den Löschfahrzeugen führte diese Entwicklung zu Fahrzeugausführungen, die es jeweils nur in einer Stadt gab. Die Berufsfeuerwehr Duisburg mit ihren Hilfeleistungs-Löschfahrzeugen ist dafür bis heute ein interessantes Beispiel. Ähnliche Entwicklungen gab es aber auch in anderen Städten, z. B. in Karlsruhe und Ludwigshafen.

Ging der Trend Ende der 70er Jahre zunächst zu größeren, überwiegend dreiachsigen Fahrzeugen, begann man wenig später damit, möglichst wendige und kompakte Löschfahrzeuge zu entwickeln. Frankfurt, Stuttgart, München, Berlin und Köln stehen beispielhaft für diese Entwicklung. Fahrzeuge, die ausschließlich Sonderlöschmittel (Schaummittel, Pulver, CO_2) transportieren, blieben bei kommunalen Feuerwehren seltene Ausnahmen. Den bestehenden Erfordernissen wurde vielmehr mit Hilfe der Wechsellader-Technik Rechnung getragen.

▼ **MAN LE 14.280**, Voraus-LF 20/24, Magirus, 2004, BF Duisburg. Die BF Duisburg setzt derartig kompakte Fahrzeuge als schnelle Erstangreifer ein. Die Verkehrs-Warneinrichtung kann schon bei verhaltener Annäherung an eine Einsatzstelle elektrisch aufgerichtet werden.

▼ **Mercedes-Benz 2628 FA**
6x6, TLF 48/100-20, Ziegler, 1990, BF Wiesbaden. Groß-tanklöschfahrzeuge wie dieses werden in erster Linie für Großschadenslagen wie z. B. Industriebrände vorgehalten. Das Fahrzeug verfügt über eine Schaummittelpumpe mit separatem Antriebsmotor.

▶ **Scania P 93 HK 4x4 L 250 38 Z**, TLF 25/60, Rosenbauer, 1997, FF Birkenwerder. Nicht nur mit seinem Wasservorrat von 6000 l, sondern auch aufgrund des Scania-Chassis und der großen Kabine gehört dieses TLF zu den Sonderausführungen.

▼ **Iveco-Magirus 260-34 AHW**, HLF 24/50-5, Rosenbauer, 1991, FF Dietzenbach. Derartig schwere Sonderausführungen blieben eher die Ausnahme, erst recht bei Kleinstädten wie Dietzenbach mit weniger als 35 000 Einwohnern. Bei der Beschaffung 1991 sorgte dieser »Jumbo« allgemein für Aufmerksamkeit in Fachkreisen.

▲ **Iveco-Magirus 120-25 AW**, LF 24 BZA, Magirus, 1992, FF Eberswalde. Die Deutsche Bundesbahn beschaffte über die Bundesbahn-Zentral-ämter (BZA) eine ganze Reihe derartiger Fahrzeuge, die speziell den Belangen der Bahnfeuerwehren ent-sprachen. Die Fahrzeuge befinden sich heute vielfach in kommunalen Diensten.

▶ **Tatra T 815 4x4**, TLF 25/40-5, Karosa, 1994, FF Großräschen. Es handelt sich um ein Fahrzeug, das als Mittelding zwischen TLF 16 und TLF 24/50 einzustufen ist. Für eine Neubeschaffung nach der Wende fällt das Tatra-Fahrgestell gänzlich aus dem Rahmen des Üb-lichen, spricht aber für die Beliebtheit der Lkw mit dem Zentralrohrrahmen.

SCANIA
Feuerwehr
Birkenwerder
93M
250
OHV 2224

Freiwillige
Feuerwehr
TATRA
SFB 2329

◄ **MAN 14.224 LC**, Sonderlöschmittelfahrzeug, Magirus/Minimax, 1997, BF München. Neben einer Pulverlöschanlage (2000 kg) von Minimax führt das Fahrzeug 330 kg CO_2 sowie 300 l Schaummittel (in Kanistern à 20 l) mit.

▼ **Iveco MP 190E30 W**, HLF 24/16-Schiene, Magirus/ Zweiweg, 1999, FF Zella-Mehlis. Die Deutsche Bahn AG stellte derartige Zweiwegefahrzeuge für Feuerwehren in der Nähe von langen Eisenbahntunneln (keine Neubaustrecken) zur Verfügung. Stromerzeuger, Seilwinde (50 kN) und eine umfangreiche Hilfeleistungsbeladung gehören zur Ausstattung. Die Höchstgeschwindigkeit auf der Schiene beträgt 30 km/h, der Maschinist benötigt eine Bahn-Fahrerlaubnis für Schwerkleinwagen.

▲ **MAN N 4520**, TLF 24/80-8,
Lentner, Umbau als
Feuerwehrfahrzeug 1999,
FF Kierspe, Lg. Rönsahl.
Die Feuerwehr des kleinen
Ortes Rönsahl erhielt das
ursprünglich als Leihfahr-
zeug eingesetzte TLF als
Geschenk von einem Gönner.
Das 1979 gebaute Allrad-
Chassis stammt aus
Militärbeständen.

▲ **Mercedes-Benz
Actros 3340 A 6x6**,
TLF 48/60-5-P 500+ 480 CO_2,
Ziegler, 2000, FF Ismaning.
Das besonders üppig mit
Löschmitteln ausgestattete
Fahrzeug ist auf lokale An-
forderungen (ortsansässige
Film- und Fernsehindustrie
mit zahlreichen Studios)
zugeschnitten.

▼ **MAN 18.414 FANLK**,
HLF 28/40-10, Ziegler, 2003,
BF Duisburg. Trotz der großen
Abmessungen ist das Fahr-
zeug dank eines kurzen Rad-
standes zwischen den ersten
beiden Achsen und einer
lenkbaren Nachlaufachse
relativ wendig. Die ersten
überschweren Löschfahrzeuge
beschaffte Duisburg schon
Ende der 60er Jahre.

Industrie- und Flughafenlöschfahrzeuge

Die Entwicklung der Industrielöschfahrzeuge und Flughafenlöschfahrzeuge ist so vielfältig und umfangreich, dass sie im Rahmen dieser Abhandlung nur grob umrissen werden kann. Besonders hohe Pumpenleistungen (bis 6000 l/min bei 10 bar), große Löschmittelmengen und Sonderlöschmittel gehören bei diesen Fahrzeugen zur Normalität.

Vielfach sind derartige Fahrzeuge wegen ihrer Abmessungen, ihres Gewichts und der technischen Ausstattung im normalen Straßenverkehr – wenn überhaupt – nicht freizügig einsetzbar. Dies gilt natürlich besonders für Flughafenlöschfahrzeuge. Wo es die Einsatzgebiete zulassen (Flugplätze, große Industrieanlagen), können großzügig konzipierte Fahrzeuge, die nicht den Erfordernissen der Straßenverkehrs-Zulassungs-Ordnung und des Stadtverkehrs unterworfen sind, verwendet werden.

Industriefahrzeuge: für spezielle Gefahren

Die vor allem bei Industrieunternehmen auftretenden speziellen Risiken werden dabei vielfach durch entsprechend ausgestattete Sonderfahrzeuge abgedeckt (S. 82–85). Teilweise sind auch so genannte »Kombifahrzeuge« in Dienst gestellt worden, die sich einerseits als Löschfahrzeuge, andererseits aber auch als Hubrettungsfahrzeuge (siehe S. 90 ff) einsetzen lassen. Sie eignen sich durch Montage von Schaumwasserwerfern besonders zum gezielten Ausbringen von Löschmitteln in großer Höhe (z. B. bei Chemieanlagen).

Flughafenlöschfahrzeuge

Bei den auf deutschen Verkehrsflughäfen eingesetzten Feuerwehrfahrzeugen (S. 86–89) haben sich in den 90er Jahren die trotz ihrer hohen Gewichte (in der Regel 40 000 kg) schnellen und wendigen 1000-PS-Löschfahrzeuge durchgesetzt. Sie können ihre großen Löschmittelmengen (etwa 10 000–12 000 l Wasser, 1000–2000 kg Schaum) über besonders leistungsfähige Werfer, teilweise auch über hydraulische bewegliche Löscharme und -lanzen ausbringen.

Die genauen Anforderungen an die Fahrzeuge und ihre Ausstattung legt die »International Civil Aviation Organisation« (ICAO) unter Einbeziehung der Flughafengröße und des Verkehrsaufkommens fest. Daneben haben sich »Rapid Intervention Vehicles«, also schnelle Eingriffsfahrzeuge (meist zweiachsig und mit hoher Motorleistung ausgerüstet) allgemein durchgesetzt, während für den reinen Gebäudebrandschutz auf den Airports Fahrzeuge Verwendung finden, die an die Normfahrzeuge angeglichen sind.

▼ **Mercedes-Benz 1838 AK**, TroLF 2000, Minimax, 1996, WF Flughafen Erfurt. Den Kofferaufbau fertigte Stolle/ Hannover. Zusätzlich zur Pulverlöschanlage ist das Fahrzeug mit einer CO_2-Löschanlage (8 x 30 kg) ausgerüstet und transportiert Krankentragen, Decken und weiteres Sanitätsmaterial.

◀ **Mercedes-Benz Vario 614 D**, TroLF 750, Total, 1997, WF Salzgitter AG, Werk Salzgitter. Das Fahrzeug gehört zu den kleinen Trockenlöschfahrzeugen und ist zusätzlich mit einem Tank für 1000 l Schaummittel ausgestattet.

▲ **MAN 24.362 FNL/LL 6x2**, TroLF 6000, Rosenbauer/ Preussag, 1990, WF BASF AG, Werk Ludwigshafen. Das un- gewöhnliche Fahrzeug ver- fügt über zwei Pulverbehälter à 3000 kg und eine mittig dazwischen angeordnete, begehbare Hubplattform mit Werfer.

▼ **MAN 19.343 FC**, SoTLF40/ 10-20-12 Weißöl+750 kg CO_2, Rosenbauer/Total, 1998, WF BASF, Ludwigshafen. Werkfeuerwehren bei Che- mieunternehmen benötigen oft ganz spezielle Löschmittel und Einrichtungen. Das Weißöl auf diesem Fahrzeug dient z. B. zur Emissions- minderung bei rauchenden Säuren. Im Heck ist eine FP 40/12 von Rosenbauer eingebaut.

▼ **Mercedes-Benz 1120 AF**, TroTLF 16/20-2-P 250, Zieg- ler/Minimax, 1989, WF Sie- mens Brennelementewerk, Hanau. Derartige Fahrzeuge in Modul-Bauweise verkauft Ziegler in erster Linie ins Ausland. Das Tankvolumen ist für die doppelte Lösch- mittelmenge ausgelegt (40-4), kann aber angesichts der deutschen Gewichtsbe- schränkungen nur zur Hälfte ausgenutzt werden.

▲ **MAN 15.255 LC**, TLF 16/24-2,5, Magirus, 2002, WF Volkswagen AG, Werk Baunatal. Magirus realisierte dieses besonders niedrige TLF mit vorgezogener Kabine, mit dem auch enge Produktionshallen mit niedrigen Durchfahrthöhen befahren werden können. Allradlenkung ermöglicht zudem einen besonders kleinen Wendekreis. Das Fahrzeug verfügt über eine Druckluft-Schaumanlage (CAFS), einen 50-kg-Pulverlöscher sowie zwei 30-kg-CO_2-Löscher.

▲ **Mercedes-Benz Unimog U 2450 L 6x6. TLF 24/48-5**, Ziegler, 1996, WF Romonta GmbH, Amsdorf. Das extrem geländegängige Fahrzeug wird in einem kleinen Tagebaubetrieb bei Halle/ Saale eingesetzt. Aufbau und Ausstattung entsprechen weitgehend den »normalen« TLF 24/50.

▼ **Mercedes-Benz 2635 6x4**, TroTLF 40/35-15-P 1000+ 600 kg CO_2, Rosenbauer/ Minimax, 1992, WF Petro-chemie und Kraftstoffe AG (PCK), Schwedt/Oder. Rosenbauer nennt derartige Fahrzeuge mit Recht »Universallöschfahrzeuge« (ULF). Für jedes Löschmittel steht eine Schnellangriffseinrichtung zur Verfügung. Die Besatzung beträgt 1/5.

▲ **Mercedes-Benz 2638 6x2/4,**
TLF 40/50-50, Rosenbauer,
1998, WF Shell Raffinerie
Hamburg. Die Werkfeuerwehr
besitzt zwei nahezu baugleiche Fahrzeuge mit dieser
Achsanordnung, die für deutsche Feuerwehrfahrzeuge
sehr ungewöhnlich ist.

▲ **Tatra T 815**, Sonder-TLF 32/
30-20-P 3000+120 kg CO_2,
Rosenbauer/Minimax, 1991,
WF Mitteldeutsche Erd-
ölraffinerie MIDER GmbH,
Spergau. Die eingebaute
Rosenbauer-Pumpe vom Typ
R 280 HN2 leistet bei Normaldruckbetrieb 3200 l/min
bei 8 bar, bei Hochdruck-
betrieb 350 l/min bei 40 bar.

▼ **MAN TGA 26.410,**
TroTLF 30/70-10+P 250,
Rosenbauer, 2004, WF Ras-
selstein GmbH, Andernach.
Das Fahrzeug dient mit
seiner nahezu dem RW 1
(Rüstwagen, siehe S. 114)
entsprechenden Beladung
auch zur technischen Hilfeleistung und wird daher
intern als HTLF bezeichnet.

▲ **Scania P 114 GB 6x2 NA 340**, TLF 24/17-20, Rosenbauer, 1999, WF INEOS Phenol, Gladbeck. Bemerkenswert sind an diesem Fahrzeug nicht nur das Scania-Fahrgestell, sondern auch die seitlich elektrisch absenkbaren Dachgeräte-kästen.

▲ **Mercedes-Benz 3535 8x4/6**, TroTLF 60/40-40-P 3000+ 300 kg CO_2, Rosenbauer/ Total (Umbauten durch Brändle), 1992, WF Merck KGaA, Werk Darmstadt. Wegen seines Aussehens wird das Fahrzeug mit seiner mittig angeordneten Mann-schaftskabine »Leguan« genannt. Es gehört zu den größten Tanklöschfahr-zeugen in Deutschland.

▼ **Mercedes-Benz 4148 8x4/4**, Sonder-TLF 100/120-55, Brändle, 2002, WF Bayer AG, W. Leverkusen. Um das Löschmittel im Einsatz mög-lichst zielgenau ausbringen zu können, verfügt das Fahr-zeug über einen Löscharm, der bis auf eine Arbeitshöhe von 11,45 m ausgefahren werden kann. Zusätzlichen Schutz bietet ein Hydroschild an der Front zur Erzeugung eines kühlenden Wasser-nebels.

▼ **Mercedes-Benz 2055 A 4x4**, FLF 45/40-5+P500, Rosenbauer, 1994, Flughafenfeuerwehr Köln-Bonn. Um die vorschriftsmäßig kurzen Eingreifzeiten einhalten zu können, sind »Rapid Intervention Vehicles« (RIV) auf Flughäfen wichtig. Dieses Fahrzeug erreicht mit seinen rund 550 PS eine Höchstgeschwindigkeit von 150 km/h.

▶ **Mercedes-Benz Actros 3358 AKE 6x6**, FLF 50/100-10+P 500, Schlingmann, 2005, WF Airbus GmbH, Hamburg. Die Schlingmann FPN 10-5000 wird von einem separaten Mercedes-Diesel angetrieben. Es handelt sich um das erste von Schlingmann gebaute FLF.

▲ **ÖAF 16.462 FAEG**, H-FLF 28/25-3+P1000, Rosenbauer/Minimax, 1992, Flughafenfeuerwehr Münster-Osnabrück. Das Chassis dieses vom Hersteller als »RIV 2800/1000« bezeichneten Fahrzeugs stammt von der österreichischen MAN-Tochter ÖAF.

▲ **Iveco PM 260EH44 6x6**, HTLF 24/50-5, Magirus, 2004, Flughafenfeuerwehr Baden-Airpark. Dieses Fahrzeug dient in erster Linie dem Gebäudebrandschutz auf dem Flughafen Baden-Baden. Daher entspricht die Beladung auch weitgehend einem LF 16/12.

▶ **MAN 28.603 DFAEX 6x6**, FLF 60/90-10, Rosenbauer, 1998, Flughafenfeuerwehr Paderborn-Lippstadt. Auch bei diesem Fahrzeug fand ein Militär-Chassis Verwendung. Der Hersteller Rosenbauer nennt seine Fahrzeuge dieser Größenordnung »Buffalo«.

112
Werkfeuerwehr

FLUGHAFEN
PADERBORN/LIPPSTADT
8
MAN
PB LP 112
8
FLUGHAFEN
PADERBORN/LIPPSTADT

◄ **Titan TR 39.816 6x6**, FLF 60/110-10, Rosenbauer, Flughafenfeuerwehr Köln-Bonn. Für die nicht der Straßenverkehrs-Zulassungs-Ordnung unterliegenden Fahrzeuge werden häufig Spezialfahrgestelle von Titan verwendet. Dieses Fahrzeug mit seinem futuristischen Aussehen gehört zur Simba-Reihe von Rosenbauer.

▼ **Titan 48.1200 8x8**, FLF 60/125-15-P500-HRET, Rosenbauer, 2003, Flughafenfeuerwehr Frankfurt/Main. Mit zwei Fahrmotoren à 440 kW (Liebherr) und einem Deutz-Pumpenmotor (210 kW) ist dieses Fahrzeug ausgestattet. Der Löscharm (HRET, High Reach Extendable Turret) ist mit einem Werfer für Wasser-, Schaum- und Pulverbetrieb ausgerüstet sowie mit einer Wärmebildkamera und einem Hochleistungsscheinwerfer.

▲ **MAN 36.1000 VFAEG 8x8**,
FLF 60/120-15, Ziegler, 1993,
WF Flughafen Nürnberg.
Sehr erfolgreich ist Ziegler
mit seiner FLF-Reihe Z8,
deren Fahrzeuge auf
zahlreichen Verkehrsflug-
häfen eingesetzt und auch
von der Bundeswehr
beschafft werden.

▲ **MAN 36.760 VFAEG**,
TroFLF 60/100-10-P 500,
Rosenbauer, 1992, Flug-
hafenfeuerwehr Dresden.
Das Fahrgestell des einzigen
FLF der »Mamba«-Reihe von
Rosenbauer in Deutschland
sollte ursprünglich für ein
Bundeswehr-FLF mit Metz-
Aufbau Verwendung finden;
da das Fahrerhaus zu klein
war, erwarb Rosenbauer das
Chassis und baute dieses
Fahrzeug auf.

▼ **MAN 36.1000 VFAEG**,
FLF 60/130-15+P500, Rosen-
bauer, 2004, WF Flughafen
Nürnberg GmbH. Das Fahr-
zeug der Rosenbauer-Reihe
»Panther AT« ist mit einem
Löscharm »HRET« ausge-
stattet.

HUBRETTUNGS-FAHRZEUGE

»Hubrettungsfahrzeuge« ist der Oberbegriff für Drehleitern, Teleskop- und Gelenkmaste sowie kombinierte Teleskop-Gelenkmaste. In beiden Teilen Deutschlands waren bei den Feuerwehren lange Zeit nur die Drehleitern, für die es bereits 1925 eine erste Norm gab, verbreitet. Andere Hubrettungsfahrzeuge gab es zwar sowohl in der BRD als auch in der DDR, sie blieben jedoch Ausnahmeerscheinungen.

Oft zu groß und unbeweglich

Erst ab 1990 fanden Teleskop-Gelenkmaste in ganz Deutschland weitere Verbreitung, nachdem die Hersteller verstärkt Geräte speziell für den Feuerwehrbedarf anboten. Die bis dahin zur Verfügung stehenden, aus dem gewerblichen Bereich stammenden Arbeitsgeräte (Hubsteiger, Arbeitsbühnen, Krane mit Arbeitsplattform) konnten angesichts ihrer großen Abmessungen und Gewichte sowie der zu langen Rüstzeit mit den Drehleitern nicht mithalten. Hohe Tragfähigkeit, geräumige Arbeitsbühnen (für 4 bis 5 Personen) und große Arbeitsbereiche konnten nur durch sehr schwere und wenig wendige Fahrgestelle erkauft werden. Angesichts dieser Tatsache blieben die meisten Fahrzeuge dieser Art dann auch Werkfeuerwehren vorbehalten, die auf entsprechend großzügigem Gelände zum Einsatz kamen.

Fahrzeuge für den Rettungseinsatz

Hubrettungsfahrzeuge werden in erster Linie zur Rettung von Menschen aus Notlagen eingesetzt, insbesondere zur Rettung aus größeren Höhen. Dank elektronischer Steuerungen und der Möglichkeit, den Hubrettungssatz auch unter das Niveau des Fahrzeugs absenken zu können, ist in gewissen Bereichen auch Rettung aus Tiefen möglich. Neben der Menschenrettung dienen die Fahrzeuge aber auch zur Durchführung technischer Hilfeleistungen (z. B. Beseitigung von Schäden nach Unwettern) sowie der Brandbekämpfung (z. B. Löschangriff vom Rettungskorb aus). Bedingt eignen sich die DLK auch zum Anheben von Lasten; früher gebräuchliche Kranvorrichtungen am Leiterpark sind heute allerdings nicht mehr zu finden.

▲ Menschenrettung, Brandbekämpfung, technische Hilfeleistung: Hubrettungsfahrzeuge bewähren sich in zahlreichen Funktionen und Situationen. Hier der Gelenkmast der FF Senftenberg bei einer Demonstration.

Drehleitern DL und DLK

Betrachten wir zunächst die Entwicklung in der Bundesrepublik, wo die jüngste Fassung der Norm von 1989 insgesamt sechs Typen unterscheidet: die DL 12-9, DL 18-12 und DL 23-12 als Drehleitern ohne Rettungskorb und die entsprechenden Varianten mit Korb, die analog die Bezeichnungen DLK 12-9, DLK 18-12 und DLK 23-12 tragen. Dabei gibt die Zahl vor dem Bindestrich jeweils die Nennrettungshöhe an und die Zahl hinten die Nennausladung (jeweils in Meter). Diese Bezeichnungsweise war 1978 im Rahmen einer Überarbeitung der Norm eingeführt worden, die ab 1969 als »Drehleitern mit maschinellem Antrieb« die Bauarten DL 22 und DL 30 vorgesehen hatte. Daneben gab es ab 1971 eine eigene Norm für die handbetriebenen DL 18 bzw. DL 16-4, die aber als Ausnahmeerscheinungen heute kaum noch eine Rolle spielen.

Randerscheinungen blieben nach der allgemeinen Einführung der Rettungskörbe schließlich auch die oft als »Einfach«-Drehleitern bezeichneten DL ohne Korb, zumal die DLK bei weitem mehr Vorteile zu bieten haben.

Favoriten: DLK 23-12 in niedriger Bauart

Große Verbreitung fanden unterm Strich lediglich die DL 30 sowie DLK 23-12. Die kleineren Bauarten wurden dagegen nur selten von den Feuerwehren beschafft – und wenn, dann meist, weil die örtliche Bebauung den Einsatz größerer Typen nicht zulässt.

Andererseits gehören Drehleitern mit noch größerer Rettungshöhe bis heute ebenfalls zu den Ausnahmen. Zwar verfügten einige Feuerwehren schon früher z. B. über DL 37, und die BF Frankfurt/Main besaß in den 70er Jahren sogar eine DL 50. Für derartig große Fahrzeuge gibt es in Deutschland jedoch keine Normen. Die wenigen Drehleitern für größere Höhen wurden entweder in den neuen Bundesländern beschafft (Rostock, Magdeburg, Hoyerswerda), weil die vorgeschriebenen Fluchtwege in den Plattenbauten nicht ausreichen (siehe Bilder S. 105 rechts). Oder aber sie werden für spezielle Aufgaben vorgehalten, wie z. B. in München für Arbeiten im Olympia-Park.

Zahlreiche Abnehmer fanden hingegen Drehleitern mit niedriger Bauhöhe. Vor allem Magirus hat auf diesem Gebiet mit der so genannten »niedrigen Bauart« (nB) große Erfolge erzielt. Bei den nB-Fahrzeugen werden bis heute besonders niedrige Chassis verwendet, die eine geringe Gesamthöhe ermöglichen. Gute Erfolge erzielt man allerdings auch mit vorgezogenen Fahrerkabinen. Eine Reihe von Maßnahmen dient außerdem dazu, die Wendigkeit der Fahrzeuge zu erhöhen. Zum einen lassen fünf- statt vierteilige Leiterparks kürzere Baulängen und damit kleinere Radstände zu. Zum andern führt auch die Verwendung dreiachsiger Fahrgestelle (mit lenkbarer Nachlaufachse) zu geringen Radständen und damit kleinen Wendekreisen. Weitere Verbreitung fanden auch Zweiachser mit lenkbaren Hinterachsen, die bei langsamer Fahrt eingeschlagen werden können und eine besondere Wendigkeit aufweisen.

Charakteristische Masse

Für alle Drehleitern ist heute Truppbesatzung und Straßenantrieb vorgesehen. Zu Beginn der 90er Jahre waren die zGG auf 9000 kg bei den DL(K) 12-9, auf 12 000 kg bei den DL(K) 18-12 und auf 14 000 kg bei den DL(K) 23-12 begrenzt. Die aktuell gültige Norm spricht nicht mehr von zulässigen Gesamtgewichten, sondern von »charakteristischer Masse« der Fahrzeuge. In diesen Wert sind die technischen Mindestanforderungen sowie Mannschaft und Beladung mit eingerechnet, einschließlich einer Reserve von 3 % der charakteristischen Masse für örtliche Belange. Das zGG kann tatsächlich höher ausfallen, so dass sich die zusätzliche Gewichtsreserve auch noch nutzen lässt. Die Werte für die charakteristische Masse betragen bei DLA(K)/DLS(K) 12-9 und 18-12 jeweils 13 000 kg, bei DLA(K)/DLS(K) 23-12 15 000 kg (Erläuterungen zu diesen Fahrzeugbezeichnungen siehe entsprechenden Abschnitt auf S. 94).

Lösungen für den Rettungskorb

Noch Ende der 80er Jahren waren die Rettungskörbe während der Fahrt teilweise vor der Leiterspitze montiert und so fixiert, dass die Sicht für den Fahrer möglichst nicht behindert wurde. Allerdings vergrößerte sich dadurch der vordere Fahrzeugüberhang und damit der Wendekreis, bezogen auf die Leiterspitze, beträchtlich. Zu Beginn der 90er Jahre waren dann alle Hersteller zu Korbbauarten übergegangen, die in

Fahrtstellung automatisch über die Leiterspitze gestülpt (zusammengelegt) und im Einsatzfall hydraulisch aufgestellt werden. Noch einen Schritt weiter ging die Firma Magirus, die ab 1994 fünfteilige Drehleitern mit einem kurzen Leiterteil anbot, das bis zu 75° nach unten abgewinkelt werden kann (DLK 23-12 GL; GL steht für »Gelenkteil«). Bei der jüngsten Bauform ist das Gelenkteil auf Wunsch zusätzlich teleskopierbar (GLT).

Ausgefeilte Elektronik

Wegen der Standsicherheit kommt der Überwachung der Leiterfunktionen und der sich im Einsatz ständig ändernden Betriebsparameter eine besondere Bedeutung zu. Es würde im Rahmen dieses Buches zu weit führen, den Fortschritt, den die Entwicklung durch den Einsatz der Elektronik auf diesem Gebiet genommen hat, dokumentieren zu wollen. Bereits zu Beginn des Betrachtungszeitraums war die Drehleitertechnik sehr hoch entwickelt. Steuerung und Überwachung sämtlicher Funktionen wurden elektronisch und computerunterstützt geregelt.

Diese Entwicklung haben bis heute alle Hersteller konsequent fortgeführt. Moderne Drehleiterelektronik ermöglicht z. B. durch eine Memory-Funktion automatisch das wiederholte Ansteuern bestimmter Anleiterpunkte oder ein punktgenaues Absenken eines an der Leiterspitze angeseilten Retters in einen Schacht; dabei müssen Absenk- oder Aus- und Einfahrbewegungen des Leiterparks nicht manuell nachreguliert werden. Selbstverständlich werden bei der Aufstellung der Drehleiter eventuell auftretende ungleichmäßige Abstützungen (z. B. wegen Platzproblemen oder Höhendifferenzen) bei Inbetriebnahme der Leiter durch elektronische Messvorrichtungen festgestellt und der Arbeitsbereich der Leiter entsprechend eingeschränkt. Für den Maschinisten sind die Arbeitsmöglichkeiten seiner DLK sofort auf einem Display erkennbar.

DLA(K) und DLS(K)

In der ab 2006 gültigen neuen Norm, die wiederum der Angleichung an die europäischen Richtlinien geschuldet ist, wird grundsätzlich nach Drehleitern mit automatischer Steuerung der Bewegungsabläufe und – im Gegensatz dazu - solchen mit sequenziellen Bewegungsabläufen unterschieden. Umgangssprachlich vereinfachend ist oft von automatischen DLA(K) und halbautomatischen DLS(K) die Rede, jeweils mit oder ohne Korb (K); an den übrigen Bezeichnungsweisen (12-9, 23-12 usw.) änderte sich nichts.

In Deutschland gibt es bislang nur Drehleitern mit automatischen Bewegungsabläufen, also solche, bei denen Auszug-, Dreh- und Hubbewegungen des Leiterparks gleichzeitig überlagernd ausgeführt werden können. Die »Halbautomaten«, die z. B. in Frankreich weit verbreitet sind, können Dreh-, Hub- und Auszugbewegungen nicht gleichzeitig, sondern nur sequenziell, das heißt als Abfolge einzelner Bewegungen, ausführen. Diese DLS(K) sind in der

Anschaffung günstiger, weisen aber längere Rüstzeiten auf und fordern auch vom Maschinisten eine gewisse Eingewöhnung in die Bewegungsabläufe. Bislang gibt es solche Drehleitern in Deutschland nicht, und ob sie in Zukunft aus Kostengründen Interessenten (und Hersteller in Deutschland) finden werden, bleibt zweifelhaft.

DL 30 und DL 30/01 aus Luckenwalde

In der DDR war der Bau von Drehleitern DL 30 erst mit dem Aufkommen der IFA-Frontlenker vom Typ W 50 L/DL möglich, die ein zGG von 10 200 kg zuließen. Erst ab 1981 gab es einen (einhängbaren) Rettungskorb (DL 30 K) und hydraulisch betätigte Abstützungen. Diese Typen hatten alle das Staffelfahrerhaus des TLF 16. Erst 1986 erschienen auch in der DDR DL 30 mit Truppfahrerhaus (DL 30/01). Die Leitertechnik war modernisiert worden (ohne Fallhaken!), und die Gerätekästen wiesen Jalousien auf. Der Rettungskorb war während der Fahrt in einer Halterung vor der Fahrzeugfront eingehängt.

Lediglich 21 Exemplare wurden bis 1989 von der DL 30/01 gebaut, alle – auch die älteren Bauarten – stammen vom VEB Feuerlöschgerätewerk Luckenwalde. Noch heute sind in den neuen Bundesländern Drehleitern aus DDR-Zeiten im Einsatzdienst. Die Körbe der Bauart DL 30/01 wurden allerdings nach der Wende verboten, weil sie mit den »westlichen« Unfallverhütungsvorschriften nicht in Einklang standen.

▼ **Iveco Zeta 50-9**, DL 16-4, Magirus, 1991, BF München. Die handbetriebenen kleinen Drehleitern haben heute kaum noch eine Bedeutung. In München und anderen Städten werden sie für besondere Aufgaben benötigt (z. B. bei engen oder niedrigen Toreinfahrten).

▼ **Mercedes-Benz Vario 814 D**, DLK 12-9, Metz, 2005, FF Celle. Nach der BF München erhielt die FF Celle dieses Drehleitermodell, das als »kleinste, wendigste vollhydraulische Drehleiter mit Program-Logic-Control (PLC) der Welt« gilt. Die Korbbelastung beträgt 180 kg oder 2 Personen.

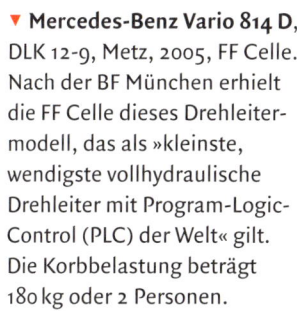

▲ **MAN 9.163 F**, DLK 12-9 SE, Metz, 1996, FF Oberalting-Seefeld. Die nach hinten abgelegten DLK 12-9 SE von Metz waren zwar ursprünglich als Arbeitsgeräte für Stadtwerke und Handwerksbetriebe gedacht, verkauften sich aber auch im Brandschutzsektor. Normalerweise wurden Mercedes-Fahrgestelle verwendet (LN 2), dieser MAN blieb ein Einzelstück und gleichzeitig wohl das letztgebaute Exemplar.

▲ **IFA W 50 L/DL**, DL 30/01, VEB FLG Luckenwalde, 1989, BF Chemnitz. Von ihrer letzten Bauform, offiziell als DL 30/01 bezeichnet und ab 1986 gefertigt, wurden nur 21 Exemplare gebaut. Der Einsatz des Rettungskorbs wurde nach der Wende aus Gründen des Unfallschutzes verboten. Um das 1997 entstandene Bild mit dem Korb anfertigen zu können, musste die Halterung erst gesucht und wieder angebaut werden.

▲ **Mercedes-Benz 1120 F**, DLK 18-9, FGL, 1992, FF Sögel. FGL fertigte nach der Wende noch 16 Drehleitern, die technisch weitgehend dem letzten DDR-Modell DL 30/01 entsprachen, nach westdeutscher Kategorisierung jedoch nur als DLK 18-9 einzuordnen waren. Nach Konkurs und Übernahme durch Metz wurde die Produktion eingestellt.

▲ **Iveco-Magirus 90-16 A**, DLK 18-12, Magirus, 1991, FF Uelzen. Das Fahrzeug besitzt bereits einen so genannten Stülpkorb, der 1991 noch nicht Standard war, erst recht nicht bei kleinen Drehleitern.

▼ **Mercedes-Benz 1124**, DLK 18-12, Metz, 1994, FF Burbach. Fahrzeuge wie dieses haben in der Regel ein zGG von 12000 kg. Die jährlichen Zulassungszahlen der DLK 18-12 sind nur sehr gering, da in erster Linie DLK 23-12 beschafft werden. Meist greift man nur dort, wo die Baulichkeiten keine DLK 23-12 zulassen, auf die kleineren Drehleitern zurück.

▲ **MAN LE 220 C**, DLK 18-12, Metz, 2001, FF Bubenreuth. Das Fahrzeug weist ein zGG von 11 990 kg auf. Stauraum für zusätzliche Geräte befinden sich im Podium.

▲ **Iveco 130E24**, DLK 18-12, Magirus, 2005, FF Cochem. Für die FF der Moselstadt waren die besonders engen Verhältnisse im Stadtkern ausschlaggebend für die Anschaffung einer kleinen Drehleiter, die steuerungstechnisch wie eine DLK 23-12 ausgestattet ist.

▼ **Iveco-Magirus 140-25**, DLK 23-12, Magirus 1992, FF Beilngries. Von 1984 bis 1993 gehörten diese Drehleitern zum Standardprogramm bei Magirus. Der Stülpkorb war jedoch anfangs noch nicht vorhanden.

▶ **Mercedes-Benz 1422 F,**
DLK 23-12, Camiva/Ziegler,
1993, FF Crimmitschau.
Ziegler führte die Camiva-
Drehleitern von 1987 bis
2000 im Lieferprogramm.
Mit der Übernahme des
französischen Unternehmens
durch Magirus endete die
Zusammenarbeit.

▼ **Mercedes-Benz 1422 F,**
DLK 23-12, Metz, 1990,
FF Herzberg. Im Bestreben
um eine möglichst niedrige
Bauhöhe beschaffte die Stadt
Herzberg ein Fahrzeug mit
vorgesetztem Fahrerhaus
von Eller. Auch anderenorts
wurden derartige Lösungen
angewandt.

▲ **Iveco 120-25 AN,**
DLK 23-12 nB, Magirus, 1992,
BF Leipzig. Die »niedrige
Bauart« (nB) von Magirus
wird seit 1980 angeboten und
seither stets an den neuesten
Stand der Technik angepasst.
Dieses Modell besitzt bereits
einen Stülpkorb.

▶ **Mercedes-Benz 1524,**
DLK 23-12, Metz, 1994,
BF Fürth. Auf diesem Chassis
bauten sowohl Metz als auch
Magirus zahlreiche Dreh-
leitern auf. Das zGG dieser
Fahrzeuge lag bei 15 000 kg.

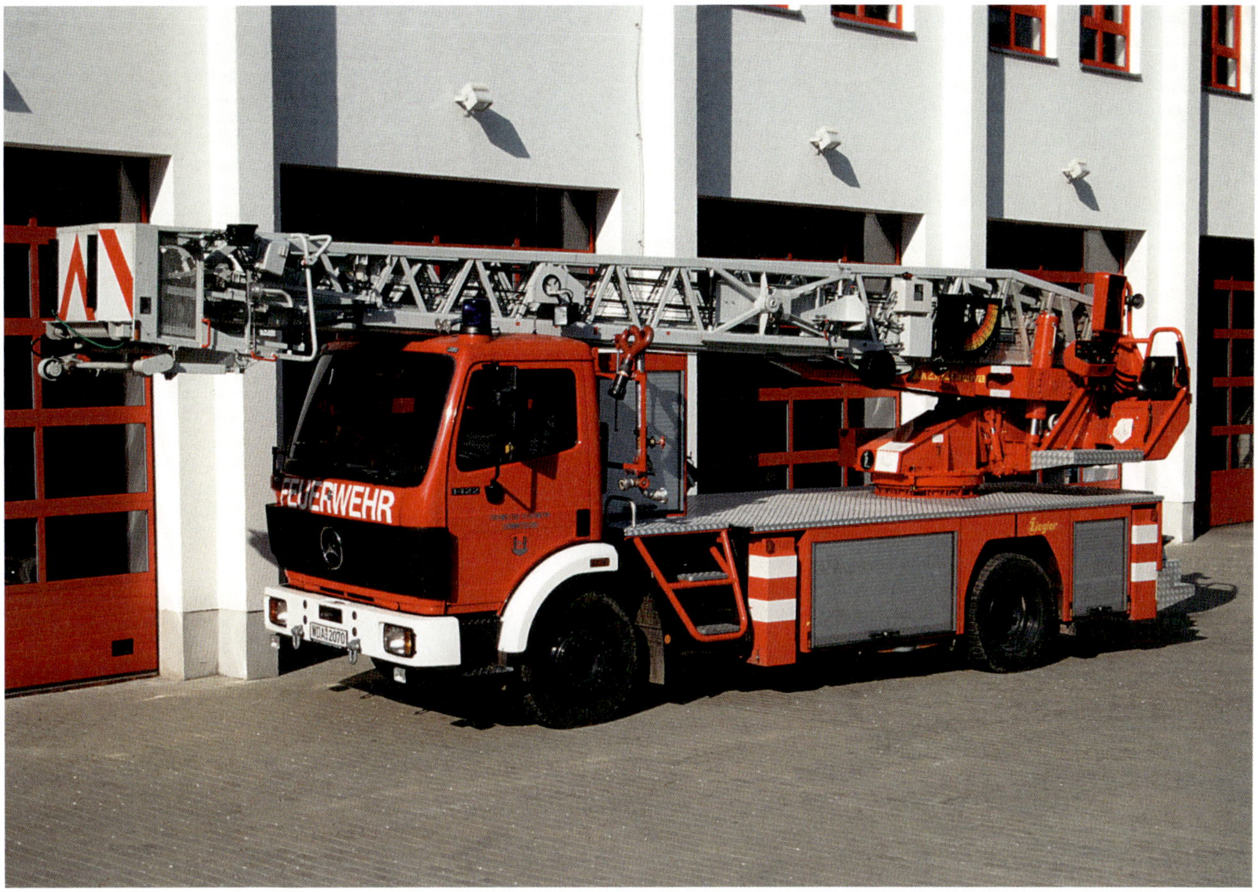
FEUERWEHR

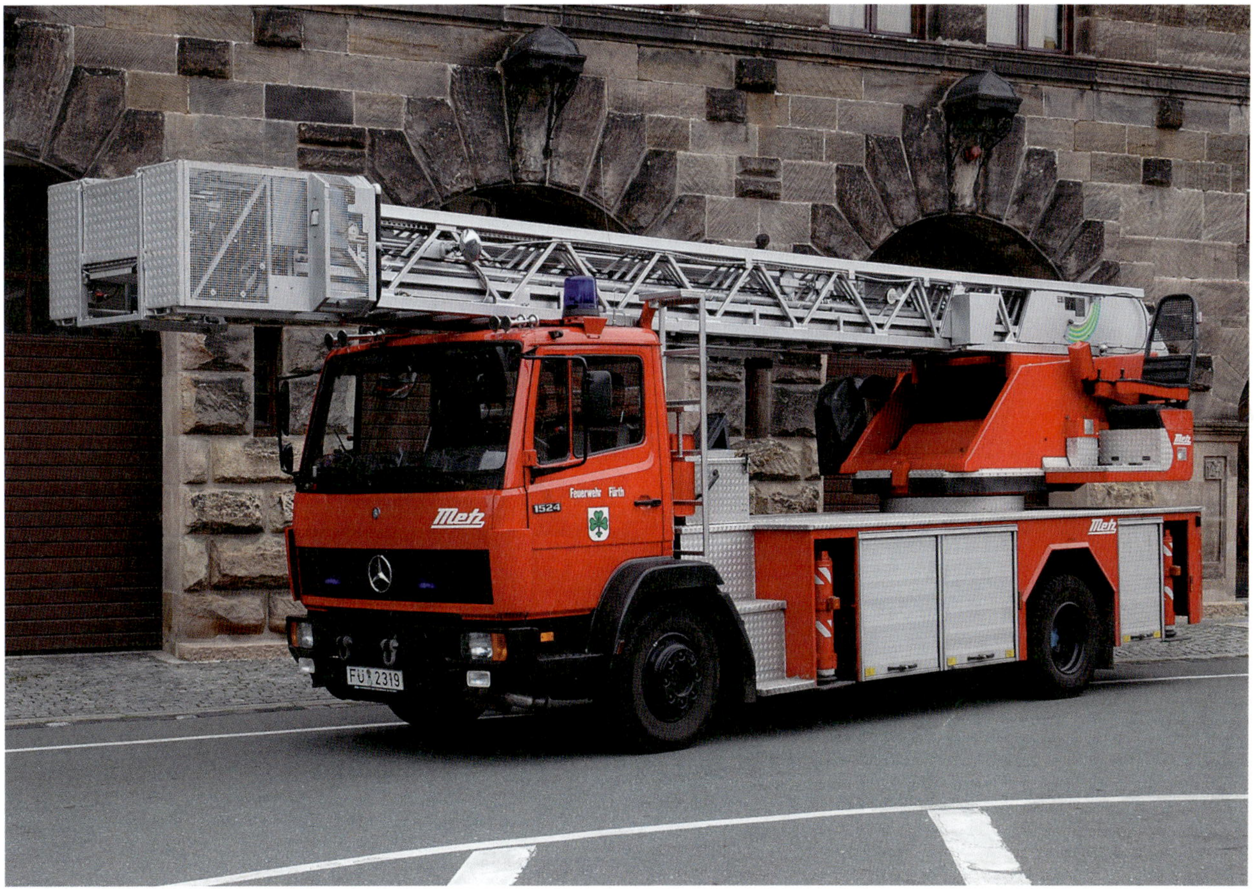
Metz
1524
Feuerwehr Fürth
Metz

![MAN 14.232 FA Drehleiter der Feuerwehr Salzgitter](full-width photo)

▲ **MAN 14.232 FA**, DLK 23-12, Metz, 1991, BF Salzgitter. Ganz und gar ungewöhnlich sind Hubrettungsfahrzeuge mit Allradantrieb, wie ihn dieses Fahrzeug aufweist.

▼ **MAN 15.264 LLLC**, DLK 23-12, Magirus 1997, BF München. Die seit 1980 in München eingesetzten nB-Leitern wurden ab 1997 abgelöst durch MAN-Fahrzeuge mit fünfteiligem Leiterpark und vorgesetztem Fahrerhaus, von denen 13 Exemplare in der bayrischen Landeshauptstadt Dienst tun. Aufgrund ihrer Bauweise sind diese DLK kurz und niedrig.

▼ **Mercedes-Benz Atego 1528 F**, DLK 23-12, Magirus, 2000, BF Mannheim. Die BF Mannheim setzt schon seit vielen Jahren auf kurzbauende Drehleitern. Bei diesem Fahrzeug wurde ein fünfteiliger Leiterpark mit kurzem vorderen Überhang verwendet.

▲ **Iveco FF 150E27**, DLK 23-12 GL,
Magirus, 1996, FF Bensheim.
Zu den ersten Feuerwehren, die
1996 eine Drehleiter mit Gelenkteil erhielten, zählte Bensheim.
Die Konstruktion hat sich gut
bewährt, ist bis dato konkurrenz-
los und entsprechend weit verbreitet.

▶ **Scania P 94 DB 4x2 NZ 260**,
DLK 23-12, Magirus 1997,
FF Bad Herrenalb. Magirus
baute bislang nur eine ein-
zige DLK auf einem Scania-
Chassis für den deutschen
Markt. Im Allgemeinen liegt
das zGG der schwedischen
Chassis zu hoch. Metz lieferte
eine weitere DLK 23-12/
Scania 2006 an die BF
Ludwigshafen.

▶ **Mercedes-Benz Econic 1828,** DLK 23-12, Metz, 2002, BF Düsseldorf. Das speziell für Kommunal- und Auslieferungsfahrzeuge konzipierte Econic-Fahrgestell mit seinem zGG von 18 000 kg ermöglicht niedrige Bauhöhen und sehr bequeme, weil ebenfalls niedrige Einstiege. Teilweise fanden die Chassis auch bei Löschfahrzeugen Verwendung.

◀ **MAN LE 14.280,** DLK 23-12, Magirus, 2004, BF Köln. Zur Ausstattung des Fahrzeugs gehören ein Geko-Stromerzeuger (6 kVA, auf Halterung am Leiterstuhl) sowie ein auf einer Haspel am Fahrzeugheck mitgeführter Sprungretter.

▶ **Mercedes-Benz Atego 1228 6x2/4,** DLK 23-12, Magirus, 2001, BF Frankfurt/Main. 8 Fahrzeuge dieser Art mit einem zGG von 15 990 kg erhielt die BF Frankfurt/Main. Durch den extrem kurzen vorderen Radstand und die gelenkte Nachlaufachse wird ein Wendekreis von nur 12,04 m (Außenkante Stoßfänger) erreicht.

▶ **Mercedes-Benz Atego1528 F,** DLK 23-12, Ziegler/Camiva, 2000, FF Baesweiler. Das Fahrzeug gehört zu den letzten von Ziegler ausgelieferten Drehleitern. Die Form des vorderen Geräteschranks mit der schräg verlaufenden Blende wurde später von Magirus übernommen.

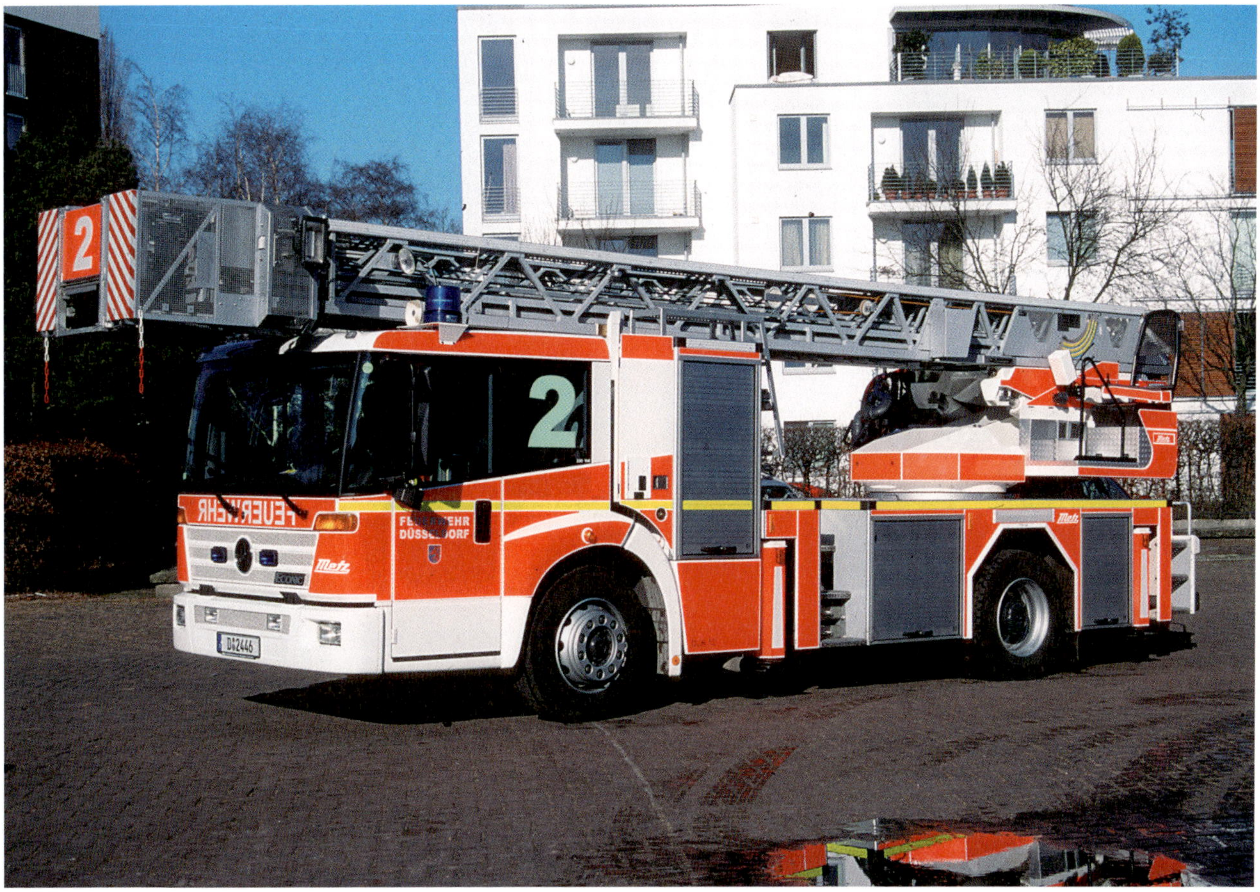

Metz
FEUERWEHR
L32
FEUERWEHR
SUW 2734

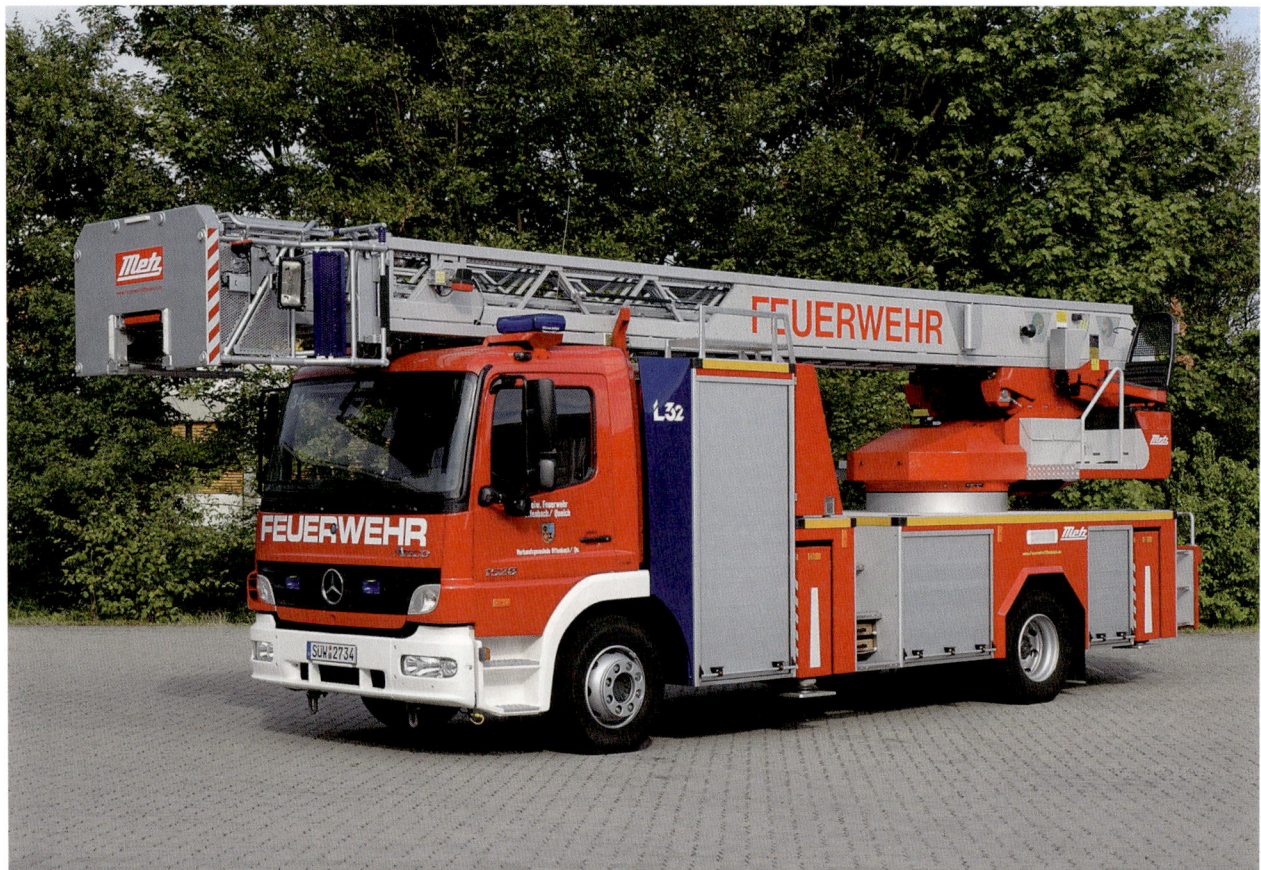

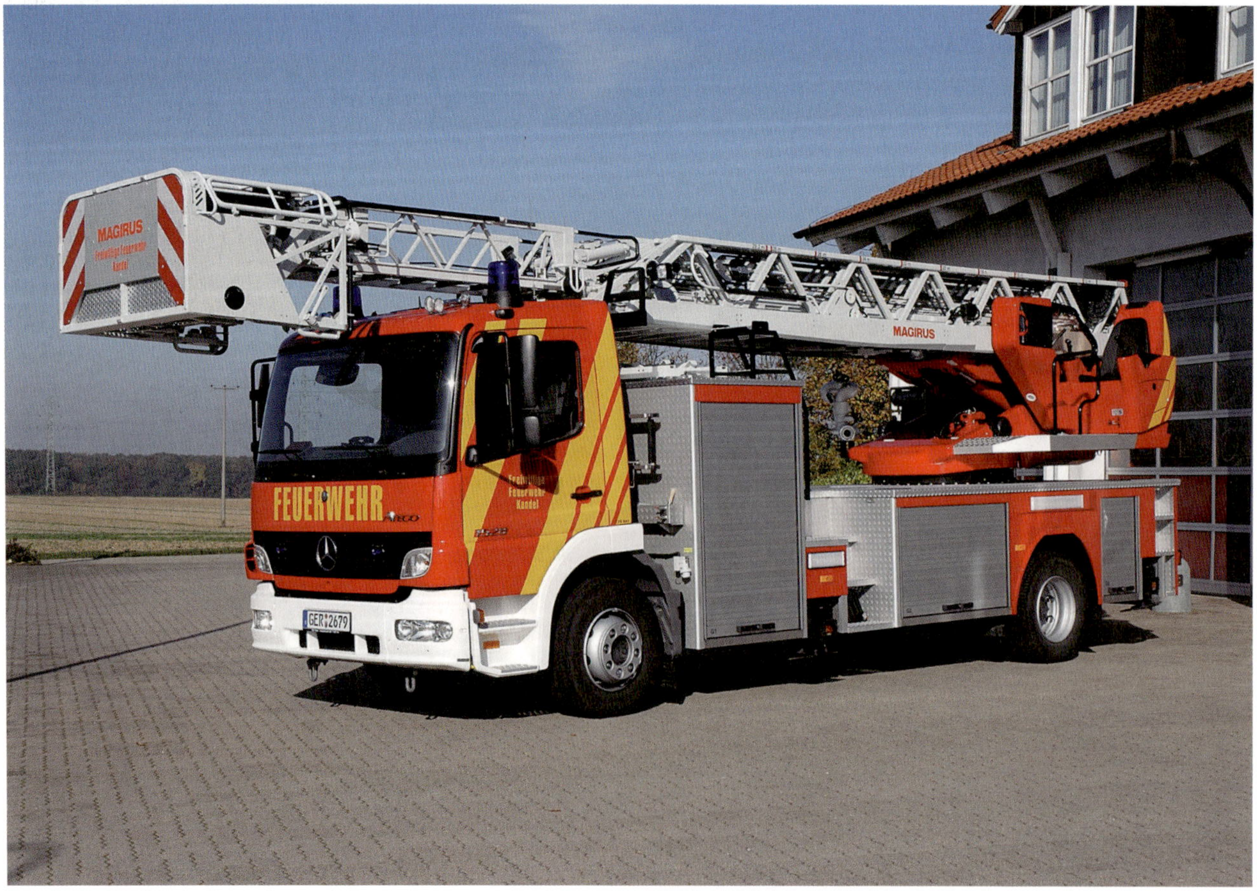
MAGIRUS
FEUERWEHR
MAGIRUS
GER 2679

◄ **Mercedes-Benz Atego 1528**, DLK 23-12, Metz, 2005, FF Offenbach an der Queich. Die jüngste Drehleiterbauart von Metz repräsentiert dieses vom Hersteller als L 32 bezeichnete Modell auf dem modifizierten Atego-Chassis. Der Leiterpark ist grau lackiert, nicht mehr silberfarben.

▼ **Iveco FF 150E28**, DLK 23-12 nB, Magirus, 2003, BF Duisburg. Ab 2002 präsentierte Magirus die neue Generation seiner niedrigen Drehleiterbauart. Das hier gezeigte Fahrzeug besitzt eine gelenkte Hinterachse, die bei Geschwindigkeiten bis 30 km/h besonders enge Wendekreise ermöglicht. Auf diesem Fahrgestell sind selbstverständlich auch die übrigen Leiterbauarten des Ulmer Herstellers lieferbar (Gelenk/Teleskop-Gelenk).

▼ **Mercedes-Benz 1524**, DLK 37, Magirus, 1996, BF Magdeburg. Diese Drehleiter hat eine Steighöhe von 37 m und gehört damit zu den seltenen Ausnahmen. Für derartige Drehleitern gibt es keine Norm und daher auch keine Bezeichnung mit zweiteiliger Zahlenangabe, aus der – wie etwa bei der DLK 23-12 – Nennrettungshöhe und Nennausladung abzulesen wären.

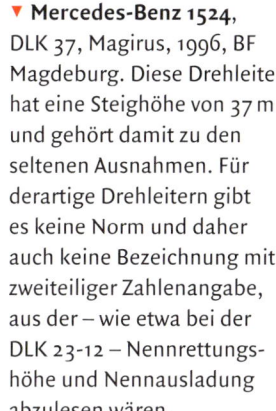

◄ **Mercedes-Benz Atego 1528**, DLK 23-12 GL, Magirus, 2005, FF Kandel. Waren noch in den 80er Jahren Magirus-Drehleitern mit Mercedes-Chassis eher selten, öffnete sich das Ulmer Unternehmen ab den 90er Jahren mehr und mehr für Fremdfahrgestelle – auch beim Bau von Gelenk-Drehleitern wie dieser.

▲ **Iveco 150E28**, DLK 23-12 GLT, Magirus, 2005, FF Neumarkt i. d. Oberpfalz. Das auf der Messe »Interschutz« 2005 in Hannover erstmals vorgestellte Fahrzeug weist als Erstes ein teleskopierbares Gelenkleiterteil auf, deshalb die Bezeichnung GLT. Das zGG beträgt 15 000 kg.

▲ **Iveco 260-34 AH**, DLK 44-F, Metz, 1990, BF Hoyerswerda. Es handelt sich um die höchste zur Zeit in Deutschland eingesetzte Drehleiter mit einer Steighöhe von 44 m. Zur Bewältigung dieser beachtlichen Höhe ist ein zusammenlegbarer Fahrstuhl vorhanden, der auf dem Obergurt läuft.

Gelenkmaste GM und TGM

Zu DDR-Zeiten gab es im Land östlich der Elbe lediglich zwei Gelenkmaste, von denen einer ein »westliches« Produkt mit Mercedes-Chassis und Rosenbauer-Aufbau und der zweite ein Tatra mit tschechischem Hubrettungssatz war; beide Fahrzeuge wurden bei Werkfeuerwehren eingesetzt.

Eine etwas größere Verbreitung fanden die Gelenkmaste in Westdeutschland, wo ab den 70er Jahren mehrere kommunale Feuerwehren und eine ganze Reihe von Werkfeuerwehren Fahrzeuge dieser Art beschafften. Angesichts der großen Fahrzeugabmessungen, der ungewohnten Bewegungsabläufe und der ursprünglich fehlenden Möglichkeit, den ausgefahrenen Mastkorb bei Ausfall der Technik verlassen zu können, stand man den Fahrzeugen skeptisch bis ablehnend gegenüber.

Erfolgreich: die neue Generation

Erst seitdem die finnische Firma Bronto Skylift leichtere Fahrzeuge mit teleskopierbarem Hauptarm und kurzem, gelenkigem Korbarm entwickelt hat, die überdies mit seitlichen Leiterabgängen für den Notfall versehen werden können, nimmt die Verbreitung stetig zu.

Gewichte und Abmessungen näherten sich seither mehr und mehr den Daten der üblichen Drehleitern an. Die allgemeinen Anforderungen an Gelenkmaste sind bereits in der Norm für Hubrettungsfahrzeuge enthalten, eine spezielle Norm war 2006/2007 noch in Vorbereitung. Bis dato werden

die Fahrzeuge nicht immer einheitlich bezeichnet: Im Umlauf sind TGM für Teleskop-Gelenkmast, TLK für Teleskop-Drehleiter mit Korb oder TMB für Teleskopmast-Bühne, daneben auch der populäre Begriff »Hubsteiger«.

TGM 32 und große Spezialfahrzeuge

Den Drehleitern DLK 23-12 vergleichbare Teleskopmaste sind die TGM 32, die sich auf Chassis der 18 000-kg-Klasse realisieren lassen. Sie sind damit etwas schwerer als die Drehleitern und weisen in der Regel eine etwas größere Bauhöhe auf. Die Arbeitsbereiche sind vergleichbar, wobei mit dem gelenkigen Korbmast bestimmte Einsatzorte besser erreicht werden können als mit der Drehleiter. Vorteilhaft sind darüber hinaus der größere Rettungskorb mit seiner höheren Nutzlast und die zumeist fest am Hubrettungssatz installierten Leitungen für Löschwasser, Atemluft und Stromversorgung.

Bei kommunalen Feuerwehren findet man heute zumeist nur zweiachsige Fahrzeuge, die bis zu 32 m Arbeitshöhe erreichen. In einigen Großstädten wurden aber auch bis zu fünfachsige Spezialfahrzeuge mit Arbeitshöhen von bis zu 54 m beschafft (siehe Bild S. 111 unten). In diese Größenordnung reichen auch die Gelenkmaste einiger Werkfeuerwehren, die teilweise mit eigenen Feuerlöschpumpen und größeren Schaummitteltanks zur Speisung der am Arbeitskorb installierten Schaum-/Wasserwerfer ausgestattet sind.

▶ **MAN 12.232 F**, GM 20, Wumag/Krefeld, 1993, FF Markt Weiler-Simmerberg, Abt. Weiler. Reine Gelenkmaste wie dieses Fahrzeug (ohne teleskopierbare Arme) blieben in Deutschland seltene Ausnahmen. Der Rettungskorb ist bei diesem GM am Heck abgelegt.

▼ **MAN 16.232 F**, TGM 32, Bronto Skylift, 1996, FF Haan. Erster Teleskop-Gelenkmast bei einer kommunalen Feuerwehr in NRW. Trotz vorgezogener und abgesenkter Kabine erreicht das Fahrzeug noch eine Bauhöhe von 3,40 m. Der Korb ist für eine Last von 270 kg (oder 3 Personen) zugelassen.

▲ **VW-MAN 9.150 F**, TGM 22, Decker, 1994, FF Mölkau. Die Limburger Firma Decker ist kein auf Feuerwehrfahrzeuge spezialisierter Betrieb. Ihre Hubarbeitsbühnen gelangten nur vereinzelt zu Feuerwehren. Die maximale Korbbelastung liegt bei diesem TGM bei 310 kg (bei bis zu 8,3 m Ausladung).

◄ **Volkswagen L 80 FH**, TGM 20, Blumenbecker/ Schafstädt, 1999, WF Volkswagen AG, Werk Baunatal. Dieses Fahrzeug gehört in jeder Hinsicht zu den Ausnahmeerscheinungen. Fahrgestell, Aufbauhersteller und Größenordnung fallen aus dem Rahmen des Üblichen. Aber: Bei VW leistet der TGM gute Dienste.

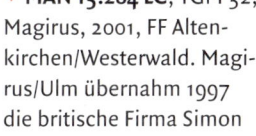

▲ **Mercedes-Benz 1824**, TGM 32, Bronto Skylift/Ziegler, 1997, FF Quedlinburg. Zahlreiche kommunale Feuerwehren haben heute Fahrzeuge wie dieses in ihrem Fuhrpark, 1997 gehörten sie noch zu den Ausnahmen. Ziegler fertigt übrigens nur das Podium und baut die feuerwehrtechnische Ausstattung an; die eigentliche Hubvorrichtung stammt von der finnischen Firma Bronto Skylift.

▼ **Scania P 94 DD 4x2 NA 220**, TGM 24, Bronto Skylift/Ziegler, 1996, FF Coswig/Anhalt. Dieses Fahrzeug erreicht zwar nur eine Arbeitshöhe von 24 m, ermöglicht dafür aber eine Korbbelastung bis 400 kg (oder 4 Personen). Bemerkenswert ist die Verwendung eines Scania-Chassis.

▼ **MAN 15.284 LC**, TGM 32, Magirus, 2001, FF Altenkirchen/Westerwald. Magirus/Ulm übernahm 1997 die britische Firma Simon Snorkel und bietet seither neben Drehleitern auch Gelenkmastbühnen an. Die FF Altenkirchen erhielt als eine der ersten ein solches Fahrzeug.

◄ **Mercedes-Benz Econic 1828 LL**, TGM 32, Metz, 2006, FF Kerpen. Seit 2006 beginnt auch Metz mit einem eigenen TGM auf dem deutschen Markt Fuß zu fassen. In Verbindung mit dem niedrigen Econic-Chassis ließ sich bei diesem Fahrzeug eine Bauhöhe von nur 3,20 m realisieren.

▼ **MAN 26.402 DFL 6x4**, TGM 32, Bronto Skylift/ Rosenbauer, 1996, WF BASF, Werk Ludwigshafen. Bei Werkfeuerwehren findet man inzwischen häufiger TGM, die über eine eigene Feuerlöschpumpe verfügen, um den am Korb montierten Werfer zu speisen. Dieses Fahrzeug ist mit einer Rosenbauer-Pumpe Typ R 500 ausgestattet, die 5000 l/min bei 13 bar liefert.

▲ **MAN 41.403 VFAEG**, TGM 54, Bronto Skylift/ Rosenbauer, 1997, WF Flughafen Stuttgart. Besondere Anforderungen hinsichtlich Geländetauglichkeit und Rettungshöhe stellte die Feuerwehr an dieses Fahrzeug, dem ein Militär-Chassis mit angetriebener Nachlaufachse von Maurer als Basis dient.

▲ **Mercedes-Benz 5550 10x6/6**, TGM 68, Bronto Skylift/Brändle, 1994, WF Merck KGaA, Werk Darmstadt. Die Korblast beim größten zur Zeit in Deutschland eingesetzten TGM liegt bei 400 kg. Im Einsatz darf die Windgeschwindigkeit 14 m/sec nicht übersteigen. Eingebaut ist bei diesem Fahrzeug eine FP 60/10 von Hale.

▼ **Mercedes-Benz Actros 2641 8x4/4**, TMB 54, Bronto Skylift/Ziegler, 2006, BF Dortmund. Mit einer Arbeitshöhe von 54 m ist diese Teleskopmast-Bühne zurzeit das höchste Hubrettungsfahrzeug bei einer kommunalen Feuerwehr in Deutschland.

RÜST- UND GERÄTEWAGEN

Für technische Hilfeleistungen aller Art sind in Deutschland Rüstwagen (RW) und Gerätewagen (GW) zuständig, soweit die Einsätze nicht mit Hilfe der auf den Löschfahrzeugen lagernden Ausstattung durchgeführt werden können.

Grundsätzlich unterscheiden sich die Rüstwagen von den Gerätewagen durch den nur bei Rüstwagen vorgesehenen Allradantrieb und die fest eingebauten Geräte (maschinelle Zugvorrichtung und Stromerzeuger). Gerätewagen dienen dagegen nur zum Transport und der Bereitstellung von Geräten – häufig auch von solchen, die nur für bestimmte Einsätze benötigt werden (z. B. Aufgaben im Umweltschutz, Transport von Atemschutzgeräten, Taucherausrüstungen). Ihren speziellen Aufgabenbereichen entsprechend tragen die Fahrzeuge dann die Bezeichnungszusätze GW-Umweltschutz, -Atemschutz, -Taucher und dergleichen mehr.

▼ Alles für technische Hilfeleistung und Umweltschutz: Rüst- und Gerätewagen verfügen über eine umfangreiche, nahezu allen Anforderungen gerecht werdende Ausstattung.

Rüstwagen RW 1, RW 2, RW

Ob bei Verkehrsunfällen oder Eisenbahnunglücken, bei Bau- und Betriebsunfällen (z. B. eingeklemmte oder verschüttete Personen), nach Hauseinstürzen oder Unwettern – überall dort, wo Menschen geborgen oder Sachwerte geschützt und gerettet werden sollen, kommen Rüstwagen zum Einsatz. Ihre Ausstattung ermöglicht technische Hilfeleistungen in großem Umfang: Allradantrieb, Seilwinde und fest installierter Stromerzeuger mit Lichtmast/Flutlichtscheinwerfer sind obligatorisch.

Rüstwagen sind keine taktisch selbstständig eingesetzten Fahrzeuge, vielmehr steht bei entsprechenden Einsätzen in aller Regel noch mindestens ein wasserführendes Löschfahrzeug zur Verfügung.

RW 1 und RW 2

Zu Beginn der 90er Jahre wurden die Rüstwagen in den kleineren RW 1 und den größeren RW 2 unterteilt. Die großen Rüstwagen RW 3 und RW 3-Staffel waren bereits in den 80er Jahren entfallen.

Für den RW 1 nach alter Norm war eine Truppbesatzung (1/2) vorgesehen. Das zulässige Gesamtgewicht war auf 9000 kg begrenzt. Mitgeführt wurden Geräte zur Durchführung einfacher technischer Hilfeleistungsaufgaben. Mit dem RW 2, der über ein zGG von maximal 12 000 kg verfügen durfte und ebenfalls mit einer Besatzung von 1/2 ausrückte, ließen sich dagegen nahezu alle technischen Hilfeleistungen ausführen. Beide RW-Arten sind in Deutschland weit verbreitet, zumal die Aufgaben im Bereich Verkehrsunfälle mit dem Anwachsen des Individualverkehrs stetig zunehmen.

In den neuen Bundesländern mussten mit dem sprunghaft anwachsenden Autoverkehr nach der Grenzöffnung ab 1989 schnell entsprechende Fahrzeuge beschafft werden, da es zuvor nichts mit den westdeutschen Rüstwagen Vergleichbares gab. Übergangsweise fanden seinerzeit Umbauten des Robur LO 2002 als »Hilfsrüstwagen« Verwendung. Im Rahmen des Katastrophenschutzes, der bereits in den 80er Jahren Rüstwagen RW 1 mit abgespeckten Ausrüstungen bei den Feuerwehren stationiert hatte, wurde eine zusätzliche Serie RW 1 in den neuen Bundesländern verteilt. Während in den alten Bundesländern die RW der ersten Ausführungen – die Norm war 1974 eingeführt worden – ab den 90er Jahren durch eine Folgegeneration ersetzt wurden, stand in den neuen Bundesländern zunächst die Erstausstattung der Feuerwehren mit derartigen Fahrzeugen an.

Die neuen RW

Seit 2002 sind im Rahmen der Typenreduzierung die Normen für RW 1 und RW 2 durch eine neue Norm für Rüstwagen RW ersetzt. Danach wird nicht mehr in zwei Gewichtsklassen unterschieden, festgelegt ist nur noch eine Obergrenze von 14 000 kg für das zulässige Gesamtgewicht. Allerdings schöpfen nicht alle nach dieser Norm beschafften Fahrzeuge dieses maximale zGG aus, so dass es nach wie vor Fahrzeuge unterschiedlicher Größenordnungen gibt.

Einheitlich sind alle RW auch nach neuer Norm wieder mit Allradantrieb, einer maschinellen Zugvorrichtung und einem fest eingebauten Stromerzeuger ausgestattet; als Besatzung ist eine Staffel (1/2) vorgesehen. Allen RW gemeinsam ist eine fest vorgeschriebene Grundausrüstung an Gerätschaften, die auf Wunsch der Feuerwehr um einen kompletten Satz Ölwehrgeräte sowie eine nach örtlichen Erfordernissen zusammengestellte Zusatzbeladung ergänzt werden kann.

Zunehmender Beliebtheit erfreuen sich Rüstwagen mit hydraulischen Ladebordwänden am Heck, bei denen ein Teil der Beladung in Rollcontainern verstaut ist. Sie kann mit Hilfe der Ladebordwand leicht entnommen und dann direkt an die Einsatzstelle gerollt werden. In geringem Umfang werden auch Fahrzeuge mit einem heckseitig montierten Ladekran in Dienst gestellt. In der Norm sind derartige Ausstattungen allerdings nicht vorgesehen.

▶ **Iveco-Magirus 90-16 AW**, RW 1, Magirus, 1991, FF Altenstadt/Iller. Für den RW 1 nutzte Magirus den auch für das TLF 16/24-Tr verwendeten Koffer, der hier in den unteren Bereichen der vorderen Geräteräume Bordwandklappen aufweist.

▲ **IFA Robur LO 2002 A**, Hilfsrüstwagen HRW, FGL, 1984/ Umbau zum HRW 1990, FF Seehausen/Altmark. Der (Fahrzeug-)Not gehorchend, wurden in den neuen Bundesländern eilig aus vorhandenen Beständen 100 so genannte Hilfsrüstwagen (HRW) umgebaut, die u. a. mit Schneidgeräten und Hebekissen ausgestattet wurden.

▲ **MAN 8.153 LAEC**, RW 1, Metz, 1996, FF Sternberg. Eine mechanische Zugvorrichtung gehört bei allen Rüstwagen zum Standard. Meist weist die Anlage eine Zugkraft von 50 kN auf. Die bekanntesten Winden-Hersteller sind Rotzler und HPC.

▼ **Mercedes-Benz U 1350 L**, RW 1, Lentner, 1992, FF Hamm/Sieg. Typisch für Katastrophenschutzfahrzeuge sind die durchgehenden Bordwandklappen. Vom RW 1 auf Unimog wurden von 1984 bis 1992 insgesamt 473 Einheiten vom Bund beschafft; weitere 153 entstanden auf Chassis von Magirus-Deutz und VW-MAN (183).

▼ **Mercedes-Benz 917 AF**, RW 1, Schlingmann, 2000, FF Werne/Lippe. Für Schlingmann-Aufbauten sind die tiefgezogenen, breiten vorderen Geräteräume typisch. Das Fahrzeug trägt außerdem die »hauseigenen« Farbfolien und Schriftzüge, wie sie auch die Vorführfahrzeuge aufweisen.

▶ **Mercedes-Benz 1222 AF**, RW 2, FGL Luckenwalde, 1993, FF Arnstadt. Zum Befahren von Gewässern führt das Fahrzeug auf dem Dach ein Boot mit.

▲ **Mercedes-Benz 917 AF**, RW 1, Lentner, 1994, FF Birkenau. Das Land Hessen beschaffte im Rahmen des Katastrophenschutzes eine größere Anzahl eigener RW 1, die alle Lentner-Aufbauten mit einem breiten Steg zwischen den seitlichen Geräteräumen aufweisen. Eingebaut sind Werner-Seilwinden mit einer Zugkraft von 50 kN.

▲ **Iveco FF 95E18 W**, RW 1, Magirus, 1998, FF Tangermünde. Auch bei den jüngeren Magirus-Aufbauten entspricht der RW 1-Aufbau weitgehend dem des TLF 16/24-Tr.

▶ **Iveco-Magirus 120-23 AW**, RW 2, Magirus, 1993, FF Meßkirch. Bei diesem Fahrzeug mit einem zGG vom 12 000 kg handelt es sich um einen der letzten Rüstwagen auf dem MK-Chassis von Iveco; 1993 erschienen bereits die ersten EuroFire-Fahrgestelle.

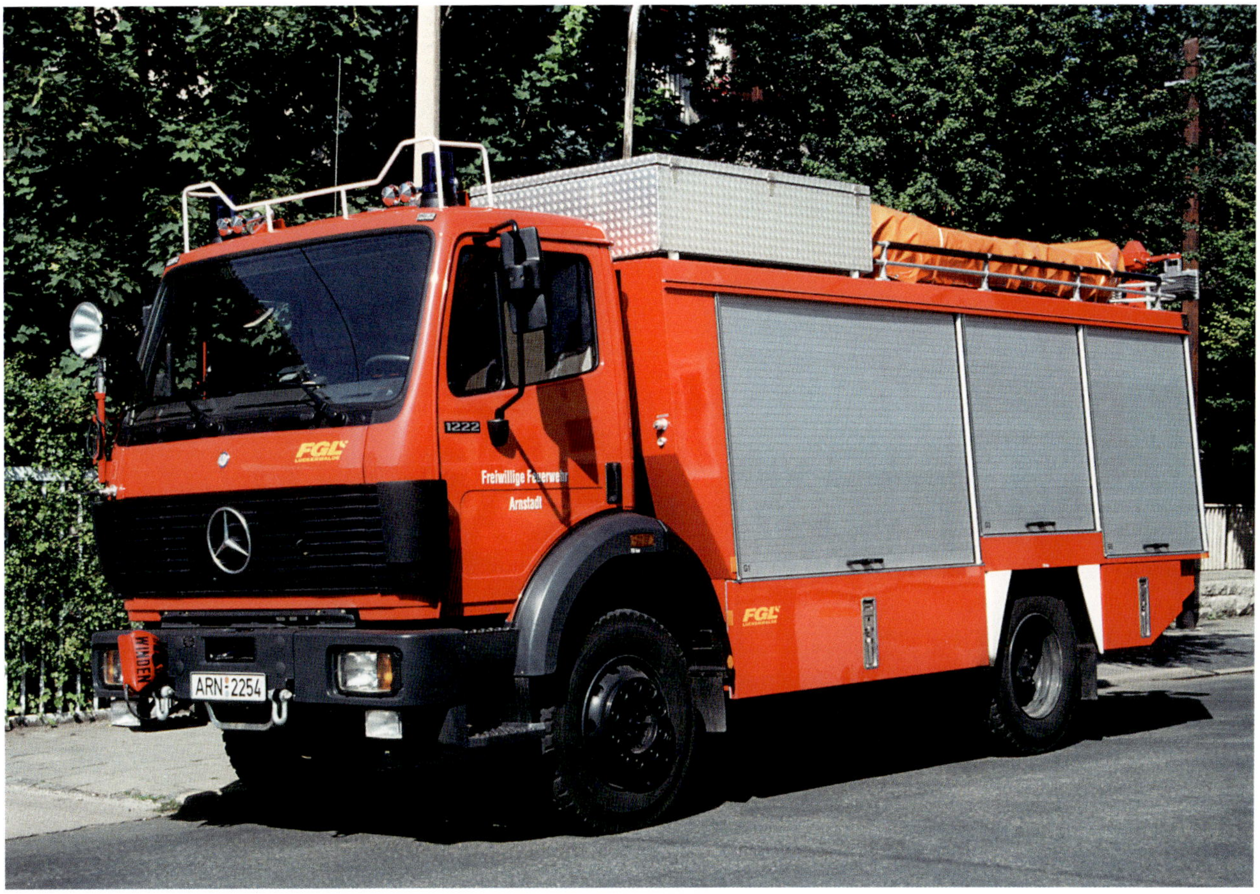
1222
Arnstadt
ARN 2254

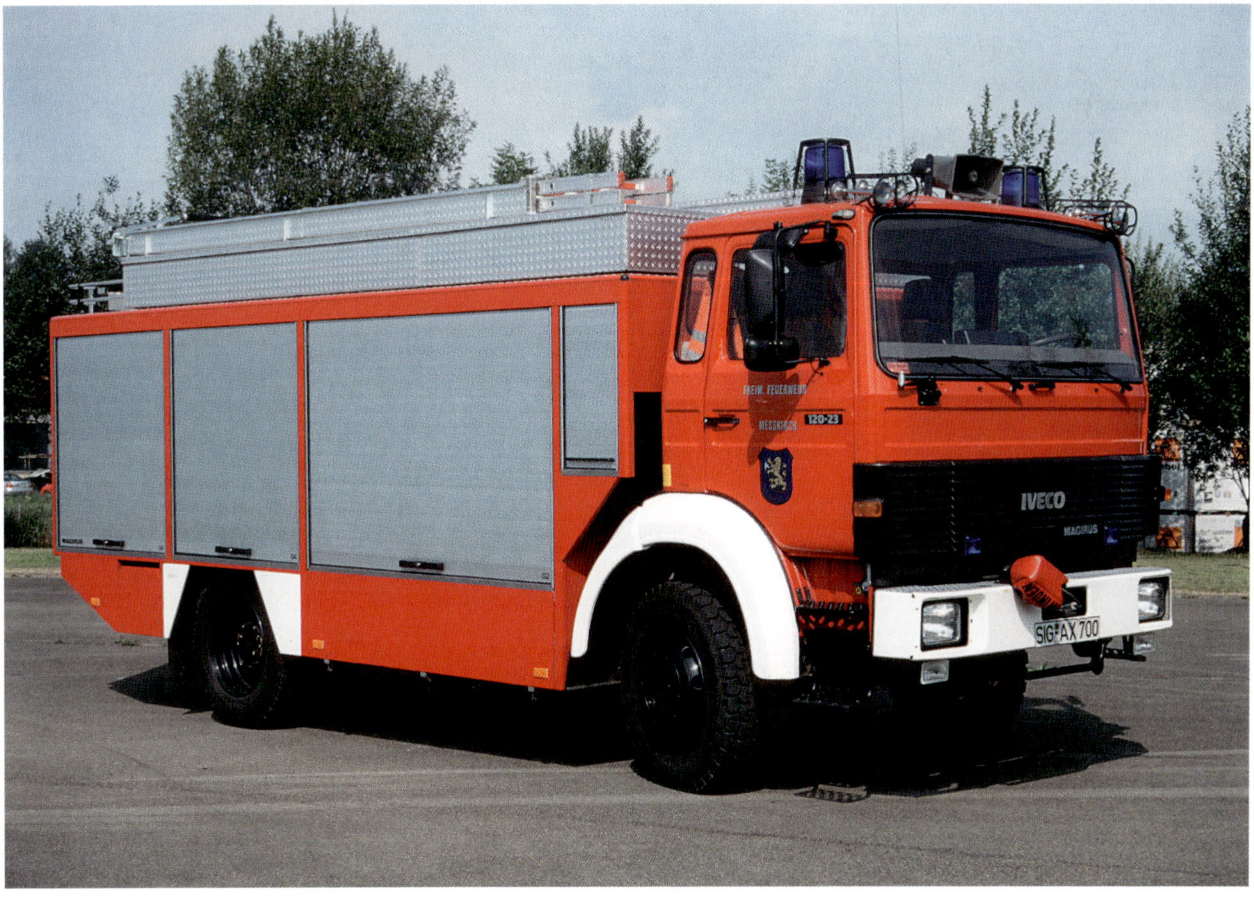
FREIW. FEUERWEHR
MESSKIRCH
120-23
IVECO
MAGIRUS
SIG AX 700

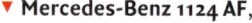

▲ **MAN 14.224 AF**, RW 2, Ziegler, 1999, FF Delmenhorst. Je nach Radstand fertigt Ziegler auch RW 2 mit vier seitlichen Geräteräumen. Bordwandklappen als stabile Auftritte haben sich bei hohen Geräteräumen allgemein bewährt.

▼ **Scania 113 HK 310 4x4**, RW-Kran, Ziegler, 1994, FF Neuruppin. Als Besonderheit weist dieser RW einen Ladekran von HIAB auf (Typ 071). Das Armsystem ist von 3,55 m bis auf 5,3 m teleskopierbar und erreicht Lastwerte von 4000 kg bei 1,8 m Ausladung und 1470 kg bei 5,1 m. Fünf derartige RW-Krane, die ursprünglich für Brasilien bestimmt waren, lieferte Ziegler an deutsche Feuerwehren aus.

▼ **Mercedes-Benz 1124 AF**, RW 2, Ziegler, 1999, FF Dannenberg/Elbe. Fahrgestelle der LN 2-Reihe wurden für RW 2 nur selten verwendet, meist entschieden sich die Feuerwehren für ein 12- oder 14-Tonner-Chassis.

▲ **Iveco FF130E24 W**, RW 2, Magirus, 1998, FF Moers. Die RW 2 auf dem EuroFire-Chassis ab 1993/94 weisen einheitlich vier Geräteräume je Seite auf. Allgemein üblich ist bei modernen Fahrzeugen die Montage des Lichtmastes an der Aufbauvorderwand.

▼ **MAN ME 280 B**, RW 2, Brändle, 2001, FF Spaichingen. Der rückwärtige Geräteraum, in dem sich in Rollwagen verlastete Geräte befinden, wird durch eine Ladebordwand von Dautel verschlossen. Diese zunächst als ungewöhnlich empfundene Bauform hat schnell zahlreiche Freunde gefunden.

▼ **Mercedes-Benz Atego 1225 AF**, RW 2, Lentner, 2001, FF Kevelaer. Seit der Messe »Interschutz 2000« in Augsburg kümmert sich die bayrische Firma Lentner verstärkt um das Feuerwehr-geschäft, das sich in jüngster Vergangenheit sehr erfolgreich entwickelt hat.

► **MAN LE 14.220**, RW, Magirus, 2003, Bad Neuenahr-Ahrweiler, Lg. Ahrweiler. Dieses Fahrzeug weist ein zGG von nur 11 000 kg auf.

▼ **MAN LE 250 B**, RW, Schmitz, 2003, FF Burbach. Gut zu erkennen: Die schweren Geräte (Hydraulikaggregat mit Schere/ Spreizer; gelb) lagern zur leichten Entnahme tief. Ein ausziehbarer Rost kann als Trittfläche verwendet werden. Das Fahrzeug hat ein zGG von 14 000 kg.

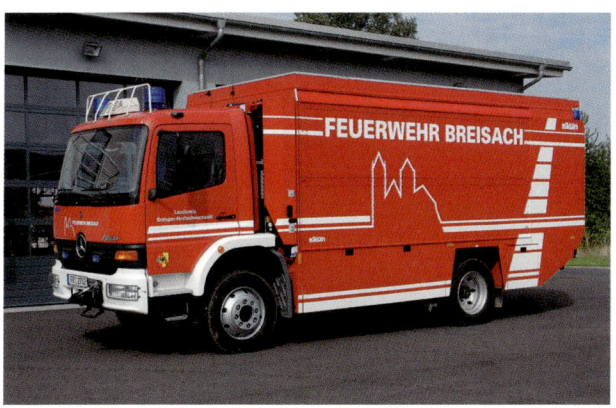

◄ **Mercedes-Benz Atego 1328 AF**, RW, Zikun, 2004, FF Breisach. Sogar 14 500 kg bringt dieser RW, der durch seinen ungewöhnlichen Koffer auffällt, auf die Waage. Durch das Swing- und Lift-Board-System von Zikun kann die Seitenwand komplett hydraulisch geöffnet werden.

▼ **Mercedes-Benz Atego1328 A**, RW, Schwäble, 2005, FF Lennestadt, Lg. Meggen. Nur einen einzigen Rüstwagen (zGG 14 000 kg) nach neuer Norm baute die Gerstettener Firma Schwäble. Besondere Verbreitung fanden die wenigen Fahrzeuge dieses Herstellers im Sauerland.

◄ **Mercedes-Benz Atego 1328/38,6 A**, RW, Schlingmann, 2006, FF Brühl. Mit einem zGG von 14 500 kg handelt es sich bei diesem RW ebenfalls um ein schweres Exemplar. Der Raum zwischen Aufbau und Kabine wird durch einen kleinen Geräteschrank optimal ausgenutzt.

► **Mercedes-Benz Atego 1528 A**, RW, Schlingmann, 2005, BF Wuppertal. Ein weiterer Schlingmann-RW, diesmal in der Bauform mit Ladebordwand am Heck. Im Inneren sind gut die Rollwagen zu erkennen, mit denen schwere Geräte direkt zur Einsatzstelle geschoben werden können.

▼ **MAN ME 14.280**, RW, Schlingmann, 2005, FF Lüdenscheid. Gut zu erkennen ist auf diesem Bild der Schaltkasten mit den Bedienungselementen für den eingebauten Stromerzeuger (Fabrikat GTS, 23 kVA) im ersten großen Geräteraum hinter dem Fahrerhaus.

◄ **MAN LE 14.280**, RW, Rosenbauer, 2006, FF Alfter, Lg. Witterschlick. Um den Platz im Aufbau optimal zu nutzen, besitzt das Fahrzeug einen Ausschub am Heck, der leichten Zugang zu den ganz innen gelagerten Geräten ermöglicht (siehe auch Bild S. 113).

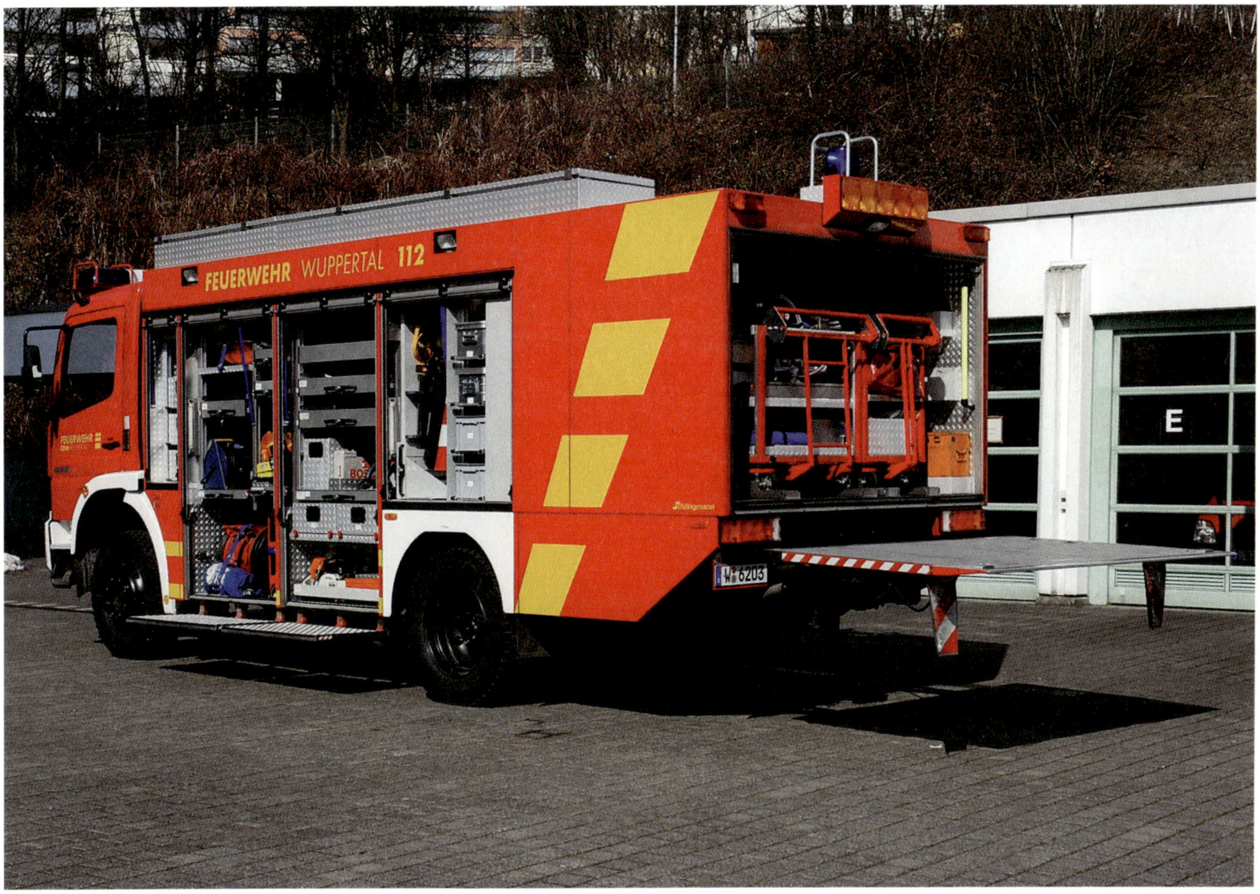
FEUERWEHR WUPPERTAL 112
E

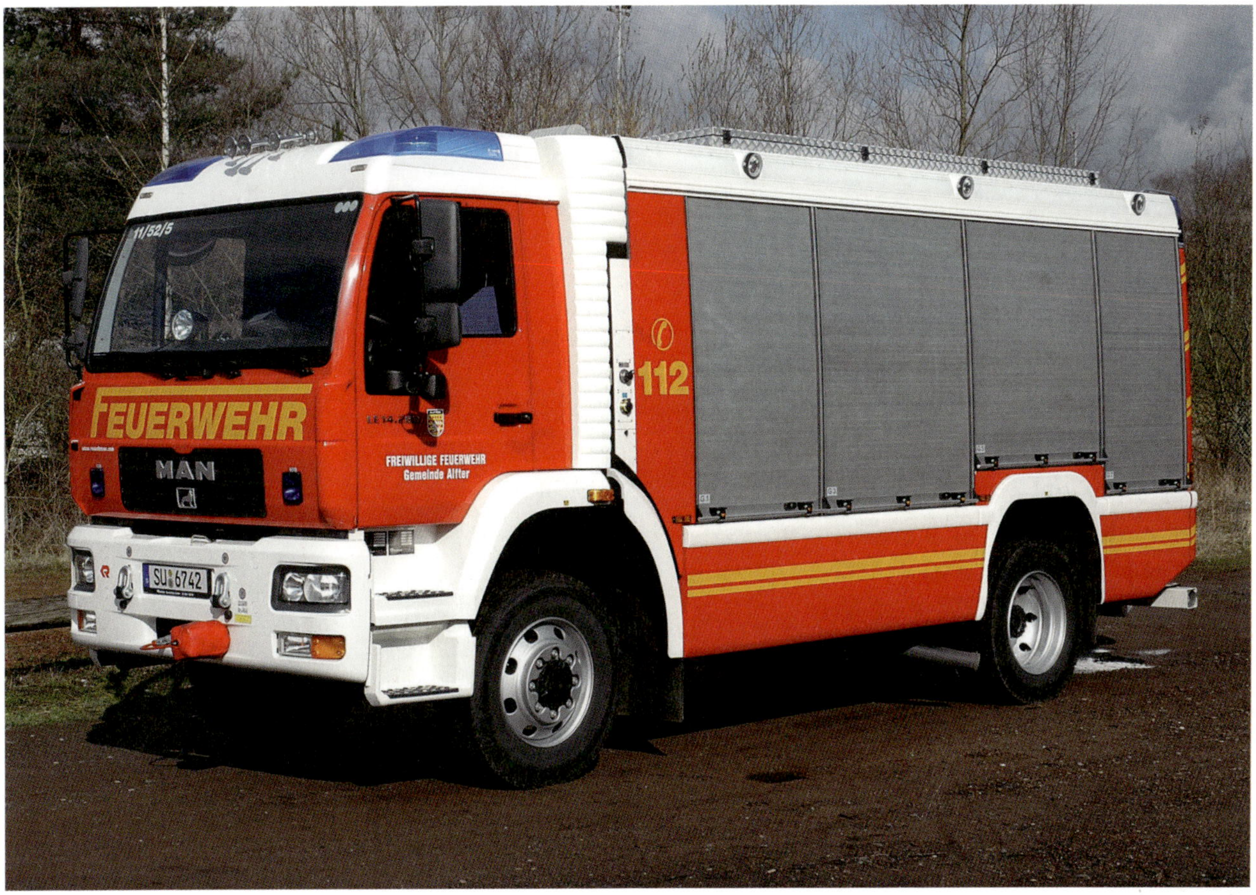
11/52/5
FEUERWEHR
MAN
112
FREIWILLIGE FEUERWEHR
Gemeinde Alfter
SU 6742

Vorausrüstwagen VRW, Vorausgerätewagen VGW

Zu den nicht genormten, jedoch durch Richtlinien der Länder beschriebenen Fahrzeuge gehören die einst nur in der Bundesrepublik bekannten, heute bundesweit verbreiteten schnellen Vorausfahrzeuge, die vor allem bei Verkehrsunfällen den Ersteinsatz übernehmen. Meist handelt es sich bei den Vorausrüstwagen (VRW) um Geländewagen mit Allradantrieb, die über einen eingebauten Stromerzeuger und teils über eine mechanische Zugvorrichtung verfügen; zuweilen finden auch Transporter Verwendung. Hydraulisches Rettungsgerät gehört zu den am dringendsten benötigten Ausrüstungsteilen bei Unfällen, teilweise besitzen die Vorausfahrzeuge auch eine kleine Hochdrucklöschanlage.

Im Gegensatz zu den Vorausrüstwagen führen die Vorausgerätewagen (VGW) keine fest eingebauten, sondern lediglich tragbare Geräte mit. Allradantrieb ist hier nicht vorgesehen; überwiegend sind es größere Pkw-Kombis oder Transporter. Die Feuerwehren nehmen die Unterschiede in den Bezeichnungen (VRW/VGW) im Alltagsgebrauch nicht sonderlich ernst, so dass die genannten Unterscheidungsmerkmale nicht immer auch zu unterschiedlichen Benennungen führen. In der DDR gab es keine den VRW/VGW entsprechenden Fahrzeuge.

▼ **Fiat Ducato 290 L (1,4)**, VGW, BTG Görlitz, 1992, FF Rodewisch. Kleine Kastenwagen wie dieser werden gerne als VGW verwendet, vor allem in ländlichen Bereichen. Hydraulische Schneidwerkzeuge, Hebekissen, eventuell auch eine kleine Hochdrucklöschanlage finden problemlos Platz. Die Motorleistung (55 kW) ist bei diesem Fahrzeug allerdings etwas dürftig.

► **Nissan Patrol GR**, VRW, Ausbau durch Feuerwehr, 1999, FF
Gummersbach. Beliebt als VGW/
VRW sind große japanische Geländewagen. Das Gummersbacher Fahrzeug ist u. a. mit einem
Dynawatt-Stromerzeuger und
einer Klappleiter auf dem Dach
ausgestattet. Das Fahrzeug wird
bei Bedarf auch als Notarzt-Ein-
satzfahrzeug verwendet (z. B.
in unwegsamen Gegenden oder
bei sehr starkem Schneefall).

▲ **Mercedes-Benz 290 GD**,
VRW, Ziegler, 1993, BF Erfurt.
Die G-Modelle von Mercedes-
Benz erfreuen sich beson-
derer Beliebtheit als VRW.
Dieses Fahrzeug ist mit einer
Poly-Löschanlage (100 l AFFF)
und einer elektrischen
Frontseilwinde ausgestattet.

▲ **Chevrolet Cheyenne
Suburban L 2500**, VRW,
Ausbau durch Kreisfeuerwehr-
verband Biberach, 2001, FF
Bad Buchau. In Süddeutsch-
land findet man häufiger
die großen amerikanischen
Geländewagen, die mit hoher
Nutzlast, großer Motorleistung und üppigem Stauraum
aufwarten.

Gerätewagen GW, GW-Gefahrgut

Ganz allgemein werden unter dem Begriff Gerätewagen all diejenigen Fahrzeuge zusammengefasst,
die benötigte Geräte und Ausrüstungsgegenstände
zu einer Einsatzstelle transportieren. Das kann eine
Ausstattung z. B. für die auf S. 113 genannten
Einsatzzwecke sein, wie etwa Atemschutzgeräte.
Transportiert werden teils aber auch sehr spezielle
Gerätschaften für nur örtlich vorkommende Einsatzarten: In einer Großstadt wie Köln gibt es beispielsweise einen GW zum Einfangen von Tieren. An
einem großen Gewässer liegende Feuerwehren benötigen oft Gerätewagen für Tauchereinsätze oder
Wasserrettung. Für eine Gemeinde, die regelmäßig
von Hochwasser bedroht wird, lohnt sich möglicher-
weise ein GW zum Transport von Tauch- und Lenz-
pumpen samt Zubehör. Städte mit U-Bahnen verfügen oft über spezielle GW-Schiene, die – teilweise
als Zweiwegefahrzeuge (Straße/Gleise) ausgelegt –
Geräte für Rettungs- und Bergungsarbeiten in Bahn-
tunneln transportieren.

Verbreitet sind in einigen Gegenden auch so
genannte GW-Licht mit Stromerzeuger, ausfahr-
barem Lichtmast und – teilweise – weiteren Geräten
zur großflächigen Ausleuchtung von Einsatzstellen
(siehe auch »Gerätewagen für weitere Einsatzzwecke«, S. 134–137).

Wegen der Vielzahl der Einsatzarten sind die
allermeisten GW nicht genormt. Normvorschriften
existierten zu Beginn des Betrachtungszeitraums nur
in Westdeutschland für GW-Gefahrgut. Die bis dahin
gültigen Vorschriften für allgemeine Gerätewagen
und GW-Öl wurden gleichzeitig zurückgezogen.

In der DDR gab es entsprechend dem dort wenig
ausgeprägten Umweltbewusstsein kaum vergleichbare Fahrzeuge.

GW-G: Viele Varianten

Unterteilt waren die GW-Gefahrgut (GW-G) zunächst
in die beiden Varianten GW-G1 und GW-G2, für die
zGG von 7500 bzw. 9000 kg vorgesehen waren. Beide
Fahrzeuge transportieren Geräte, mit denen Sofort-
maßnahmen zur Bekämpfung von Gefahrgutunfällen
durchgeführt werden können – je nach Fahrzeuggröße in unterschiedlichem Ausmaß. 1997 wurden
die GW-G um die Variante GW-G3 mit einem zGG
von 11 000 kg ergänzt, gleichzeitig wurde jedoch beim
GW-G1 das zGG auf 3500 kg begrenzt. Die mit einer
Truppbesatzung (1/2) eingesetzten Fahrzeuge haben
stets Straßenantrieb und werden in der Regel zusammen mit einem wasserführenden Löschfahrzeug eingesetzt.

Seit der Überarbeitung der Norm zwischen 2000
und 2005 gibt es den GW-Gefahrgut nur noch ohne
Größenunterscheidung mit der Bezeichnung GW-G.
Ein zGG von bis zu 11 000 kg ist möglich; ausgeschöpft werden muss es nicht, so dass auch kleinere
Fahrzeuge durchaus darstellbar sind. Die Fahrzeuge
müssen nun an den drei Aufbauseiten einen Witte-
rungsschutz (ausfahrbare Überdachung) aufweisen.
Die Aufbauten selbst sollen geschlossen sein, die
Verwendung eines handelsüblichen Kofferaufbaus
ist grundsätzlich möglich.

▶ **Mercedes-Benz 310**, GW-G, Ziegler, 1992, FF Zeitz. Um eine gewisse Basisausstattung zu erreichen, wurden derartige Fahrzeuge vielfach von den Bundesländern beschafft. Ziegler, Schmitz und Heines gehören zu den Hauptausrüstern. Zumeist wurden »Bremer Transporter« (so genannt, weil im Mercedes-Werk Bremen gebaut) wie dieser verwendet.

▼ **Mercedes-Benz 711 D**, GW-G1, Ziegler, 1996, FF Annweiler am Trifels. In Rheinland-Pfalz ist der GW-G1 in dieser Form als etwas größeres Fahrzeug verbreitet.

▲ **Iveco 75E15**, GW-G1, Schmitz, 1993, FF Straelen. Vor der Änderung der Norm 1997 wurden diese Fahrzeuge mit einem zGG von 7490 kg noch als GW-G1 bezeichnet, nach der Novellierung als GW-G2. Die Wilnsdorfer Firma Schmitz war lange auf solche Fahrzeuge mit Hub-Rollwand-Koffern, die aus dem Getränkefahrzeugbau stammen, spezialisiert.

▼ **MAN 12.232 FA 4x4**, GW-G2, Schmitz, 1994, WF Lausitzer Braunkohle AG (LAUBAG), Betriebsteil Schwarze Pumpe. Die Ausrüstung dieses Fahrzeugs mit Allradantrieb erklärt sich durch Einsätze abseits befestigter Wege. Ist die Hub-Rollwand geöffnet, lassen sich Trittstufen zur leichteren Entnahme der Geräte herausziehen.

▼ **MAN LE 8.180**, GW-G2, Schmitz, 2003, FF Salzbergen. Inzwischen werden die GW-G zumeist in der üblichen Form mit Jalousien gebaut – auch bei Schmitz. Am Heck befindet sich in der Regel eine große, über die ganze Breite reichende Klappe, die sich nach oben öffnen lässt und so im Einsatzfall auch Wetterschutz bietet.

▲ **Mercedes-Benz 914**, GW-G2, Schlingmann, 1990, BF Minden. Eine sehr ungewöhnliche Form weist dieses Fahrzeug auf, dessen Bauweise an einen Pferdetransporter erinnert. Bemerkenswert sind der vorne begehbare Aufbau und der lange Radstand von 4900 mm.

◄ **Mercedes-Benz Atego 1225**, GW-G3, Ziegler, 2005, Landkreis Wernigerode, Feuerwehrtechnische Zentrale (FTZ). Mit seinem zGG von 11 990 kg gehört dieses Fahrzeug in die große Kategorie GW-G3. Aufbau und Ausrüstung erfolgten im Ziegler-Werk in Mühlau/ Sachsen.

GW-Logistik GW-L1 und GW-L2

Gemeinhin werden heute alle Fahrzeuge, die – ohne ständige Beladung – Transportvolumen bereitstellen, als GW-Logistik bezeichnet. Früher war dafür die Bezeichnung GW-Transport verbreitet. Es handelt sich um leere Lastwagen oder Kleintransporter mit Pritsche und (meist, aber nicht immer) Plane oder Kofferaufbauten. Gelegentlich findet man auch Kipperaufbauten, wiederum mit oder ohne Plane.

Die Verwendungsmöglichkeiten sind vielfältig und umfassen Transporte jeglicher Art. Dazu gehören auch einsatzunabhängige Be- und Versorgungsfahrten u. Ä. Im Zusammenhang mit Einsätzen dienen die Wagen als Nachschubfahrzeuge, z. B. für Sandsäcke bei Hochwasser, Holz für Abstützmaßnahmen, Bindemittel bei umfangreichen Ölwehr-Einsätzen, teilweise auch als Zugfahrzeuge für Bootsanhänger, Ölschlängelanhänger und dergleichen. Regelmäßig braucht man Logistikfahrzeuge außerdem, um nach Einsätzen verschmutztes Schlauchmaterial zur Schlauchpflege abzutransportieren. Teilweise sind die Fahrzeuge mit serienmäßigen Doppelkabinen ausgestattet, um ggf. mehrere Personen mitnehmen zu können.

Fahrzeugtypen für vielfältige Einsätze

Wie bereits erwähnt, gibt es für GW-G1 und GW-G2 seit 2002 bzw. 2005 keine eigenen Normen mehr, vielmehr werden diese beiden Typen seit 2005 ersetzt durch neue genormte GW-Logistik (Grundfahrzeug-Typ, mit entsprechender Beladung ausgestattet). Beim GW-Logistik, den es in zwei Ausführungen als GW-L1 und GW-L2 gibt, handelt es sich im Grunde um Basis-Transportfahrzeuge, die – mit entsprechend Beladungsmodulen bestückt – die Aufgabenbereiche der früher genormten GW-G1 und GW-G2 abdecken können. Und nicht nur das: Mit geschlossenen Aufbauten und Ladebordwand am Heck versehen, lässt sich die in Rollwagen, Gitterboxen oder auf Paletten verlastete Beladung bei Bedarf leicht gegen eine für andere Zwecke geeignete Beladung austauschen. So kann z. B. ein GW-L2 mit entsprechender Ausstattung wie ein Schlauchwagen SW 2000-Tr eingesetzt werden.

Für den GW-L1 ist in der Norm ein leichtes Fahrgestell (über 2000 kg und weniger als 7500 kg zGG) mit Straßenantrieb vorgesehen. Die Besatzung kann eine Staffel (1/2) oder eine Gruppe (1/5) sein. Als Aufbau sind sowohl Pritsche/Plane als auch Koffer zulässig, eine Ladebordwand mit mindestens 750 kg Tragfähigkeit ist vorgeschrieben. Im Aufbau müssen mindestens 6 Rollcontainer Platz finden. Für den GW-L2 ist dagegen ein mittleres Chassis (zwischen 7500 und 14 000 kg zGG) mit Allradantrieb und Singlebereifung vorgeschrieben. Auch hier ist ein aus Pritsche und Plane bestehender oder als geschlossener Koffer ausgeführter Aufbau vorgesehen. Zusätzlich ist hinter der Fahrer-/Mannschaftskabine, die Platz für eine Besatzung von 1/5 bieten muss, ein geschlossener Gerätekasten vorgesehen.

Ebenso wie der GW-L1 muss auch der GW-L2 über eine Ladebordwand verfügen (mit mindestens 1500 kg Tragkraft); im Aufbau müssen wenigstens 8 Rollcontainer Platz haben.

Beide Fahrzeugtypen verfügen über eine Standardbeladung und eine umfangreiche Zusatzbeladung für den jeweiligen Einsatzzweck. Wird der GW-L2 als Schlauchwagen eingesetzt, so muss sich am Heck eine Kamera zum Beobachten des Verlegevorgangs befinden, unter Umständen auch ein

sicherer Arbeitsplatz am Heck mit Sprechanlage oder Signalgeber. Dass sich die beiden GW-Logistik-Typen vielfältig verwenden lassen, haben bereits zahlreiche Feuerwehren erkannt, die damit z. B. Aufgabenbereiche von Schlauchwagen (siehe S. 174) oder sogar Rüstwagen (siehe S. 114) abdecken.

▼ **Mercedes-Benz Sprinter 212/ D**, Lkw, Henke, 1999, BF Nürnberg. Kleintransporter wie dieser Sprinter mit serienmäßiger Doppelkabine sind bei deutschen Feuerwehren in großer Zahl im Einsatz. Sie sind unentbehrliche Helfer für alle Arten von Transportaufgaben.

► **Volkswagen T4**, Lkw, Serie, 1993, FF Gedern. GW-Nachschub nennt die FF Gedern ihren mit Pritsche und Hochplane ausgestatteten Kleintransporter, der 2000 gebraucht zur Feuerwehr gelangte.

▼ **MAN LE 180 C**, GW-L 1, Albert/Wendelstein, 2002, BF Fürth. Das Fahrzeug ist mit einer Dautel-Ladebordwand (1500 kg Nennlast) ausgestattet. Die Doppelkabine stammt von MAN/Wittlich.

▶ **Mercedes-Benz Atego 918 A**, GW-L2, Magirus, 2005, Vorführfahrzeug. Mit einem Beladungssatz »Schlauch« lässt sich aus diesem Fahrzeug ein Schlauchwagen SW 2000 machen.

▼ **Mercedes-Benz Atego 1225 A**, GW-L, Kohr/BN-Beuel, 2003, FF Sprockhövel, Lg. Hasslinghausen. Die Feuerwehr verzichtete auf den vorgeschriebenen geschlossenen Gerätekoffer und ließ stattdessen einen Ladekran (Fabrikat Palfinger PK 7501) auf ihrem Fahrzeug anbauen. Die Ladebordwand am Heck stammt ebenfalls von Palfinger.

▲ **MAN LE 12.250**, GW-L2, Weschenfelder, 2005, FF Oberhausen-Rheinhausen, Lg. Oberhausen. Auf dem Fahrzeug ist nahezu die gesamte Beladung eines Rüstwagens RW 1 untergebracht (z. T. in Rollwagen). Dementsprechend wird das mit Rotzler-Zugvorrichtung (TR 030/5, 50 kN) und BÄR-Ladebordwand (2000 kg Nennlast) ausgestattete Fahrzeug eingesetzt.

▶ **Renault Midlum 180.10/B dCi**, GW-L2, H + E/Karlsruhe, 2005, FF Rösrath. Auch eine Lösung als Kofferwagen lässt die Norm für die GW-L zu. Bei diesem Fahrzeug ist seitlich ein Eingang vorhanden, um den Koffer auch ohne Öffnen der Ladebordwand betreten zu können.

MAGIRUS

stadt
RÖSRATH
FEUERWEHR
112
www.feuerwehr-roesrath.de
9-74-3
FEUERWEHR
Freiwillige Feuerwehr
Stadt Rösrath
CARUSO

Gerätewagen für weitere Einsatzzwecke

Nachfolgend seien noch einige Gerätewagen für
die am meisten verbreiteten Einsatzarten vorgestellt.
Eine halbwegs vollständige Übersicht würde den
Rahmen dieses Buches sprengen, denn es gibt kaum
einen Zweck, für den nicht ein spezielles Fahrzeug
ausgewiesen wäre.

Bei den Fahrzeugbezeichnungen wird meist das
GW für Gerätewagen vorangestellt und der Verwen-
dungszweck in Form eines Kurzworts oder einer
Abkürzung angehängt. So heißen z. B. Fahrzeuge,
mit denen Atemschutzgeräte nachgeführt bzw. in
denen die Atemluftflaschen neu befüllt werden, kurz
GW-Atemschutz oder GW-A.

▼ **MAN LE 12.220**, GW-Atemschutz, Schmitz, 2004, BF
Duisburg. Die vor allem bei
Berufsfeuerwehren und großen
Freiwilligen Feuerwehren verbreiteten Atemschutz-Geräte-
wagen werden meist in be-
gehbarer Form gebaut. Die
Koffer sind in der Regel in einen
Werkstatt- und einen Lager-
raum (für Atemschutzgeräte
und Reserveflaschen) unterteilt.

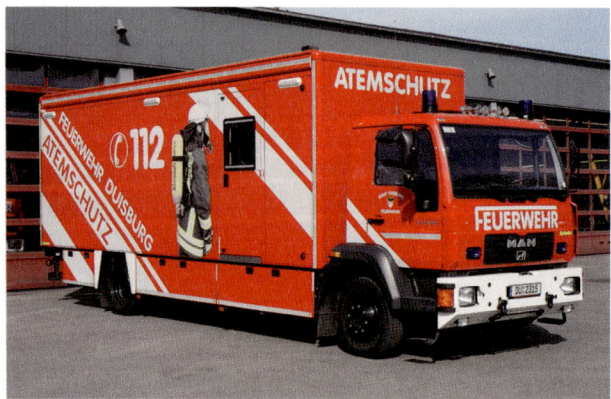

▶ **Mercedes-Benz 814**, GW-Taucher, GFT, 1991, FF Kelheim. Ebenso wie GW-Atemschutz sind GW-Taucher und GW-Wasserrettung üblicherweise begehbar ausgeführt. Im Inneren werden die Taucheranzüge und alle zum Einsatz notwendigen Geräte gelagert. Außerdem bietet der Aufbau Platz zum Umkleiden vor und nach Einsätzen.

▼ **Mercedes-Benz Sprinter 312 D**, GW-Licht, Polyma, 1995, FF Bad Hersfeld. In Hessen wurden die Stützpunktfeuerwehren ab den 70er Jahren mit GW-Licht ausgestattet. Die Fahrzeuge lassen sich auch als mobile Stromerzeuger einsetzen und fanden auch in anderen Bundesländern teilweise Verbreitung.

▲ **Iveco-Magirus 100E18**, GW-Schiene, Aluvan/Brügge (B), 1991, BF Bochum. Stadt-Schnell- und U-Bahnen erfordern oft besondere Einsatzfahrzeuge. Der in diesem Kofferwagen transportierte 8-Rad-Geräteträger mit überkopf gelagertem Schienenfahrsatz kann Treppen, Gleise und andere Hindernisse überwinden und ist sogar schwimmfähig.

◀ **Mercedes-Benz Atego 1018**, GW-Lüfter, B.I.G/Tempest, 2002, BF München. Seit den verheerenden Tunnelunglücken in den Alpen gewinnen derartige Fahrzeuge mit auf Scherenhubbühnen angeordneten Großventilatoren an Bedeutung; Tunnelanlagen und dergleichen lassen sich damit schneller belüften.

▲ **Fiat Ducato 2.8 i.d. TD 4x4**, ABC-Erkundungskraftwagen, Zeppelin, 2001, FF Ihringen. 344 Exemplare des oft auch als GW-Messtechnik bezeichneten und eingesetzten »ABC-ErkKW« beschaffte der Bund im Rahmen des Katastrophenschutzes. Sie dienen dem Messen, Spüren und Melden radioaktiver und chemischer Kontamination und der Kennzeichnung sowie messtechnischen Überwachung kontaminierter Bereiche.

▶ **MAN 10.164 FAEC**, Dekon-Lkw P, Empl, 1999, FF Marbach/Neckar. Die vom Bund in 371 Exemplaren beschafften Fahrzeuge dienen der Dekontamination von Personen (Dekon P) sowie der hygienischen Reinigung der Einsatzkräfte und sonstiger Personen. Mit ihren Ladebordwänden eignen sich die Fahrzeuge auch für Nachschubaufgaben.

EINSATZLEITWAGEN

Als Einsatzleitwagen werden Fahrzeuge bezeichnet, die dem Einsatzleiter taktischer Feuerwehreinheiten als Führungsmittel dienen. Die Fahrzeuge werden für die Anfahrt zur Einsatzstelle und vor Ort zur Wahrnehmung der Führungsaufgaben verwendet. Dabei wird der Einsatzleiter von Führungsgehilfen unterstützt. Bei größeren Einsätzen müssen die Wagen ganze Führungsstäbe aufnehmen und entsprechend große Arbeitsräume bieten.

In Westdeutschland sah die Norm von 1981 zunächst eine Dreiteilung der Fahrzeuge in die Klassen ELW 1, ELW 2 und ELW 3 vor. 1999 wurde die bislang gültige Norm dann geändert: Seither sind nur noch ELW der Klassen 1 und 2 vorgesehen sowie daneben die so genannten Kommandowagen KdoW in Pkw-Größe. Mit zahlreichen Einzelvorschriften, die Abweichungen zulassen, sind darüber hinaus die Beschaffungen in den einzelnen Bundesländern geregelt.

»Ausrückedienstwagen« in der DDR

Auch in der DDR gab es Fahrzeuge für den Einsatzleiter, die dort die Bezeichnung »Ausrückedienstwagen« trugen. Dabei handelte es sich stets um Fahrzeuge aus der Pkw-/Kombi-Klasse (siehe Beispiel S. 155 unten). Größere Fahrzeuge mit fernmeldetechnischen Einrichtungen und der Gelegenheit zur Lagebesprechung, in denen Einsatzleiter und Führungsgehilfen tätig werden konnten, sind nur vereinzelt bekannt geworden. Für sie wurden Kofferaufbauten aus dem militärischen Bereich mit entsprechender Funktechnik verwendet.

▶ Modernste Kommunikationstechnik: In den Einsatzleitwagen wird alles vorgehalten, um Gefahrenlagen analysieren und Einsätze leiten und koordinieren zu können.

Einsatzleitwagen ELW 1

Die kleinste Klasse der Einsatzwagen sah bis 1999 Fahrzeuge mit einem zulässigen Gesamtgewicht von maximal 2800 kg vor. In Betracht kamen Pkw, Kombis, kleine Kastenwagen und Geländewagen; wahlweise waren Straßen- oder Allradantrieb möglich. Solche Fahrzeuge dienen bis heute zur Anfahrt an die Einsatzstelle, zum Erkunden und zum Führen eines Zuges. Mitgeführt werden die persönliche Ausrüstung sowie die wichtigsten Einsatzunterlagen (Karten, Pläne, Gefahrgutunterlagen und dergleichen).

Für ELW 1 nach der seit 1999 gültigen Norm ist dagegen ein zulässiges Gesamtgewicht von bis zu 3500 kg vorgesehen. Bei dieser Größenordnung steht dem Einsatzleiter zur Wahrnehmung seiner Aufgaben jetzt auch ein Führungsgehilfe zur Seite, um taktische Feuerwehreinheiten und Verbände führen zu können: Die Einbeziehung eines Stabes ist dagegen schon wegen der Fahrzeuggröße nicht vorgesehen. Die neuere Norm erfüllen nur serienmäßige Kastenwagen (mit Straßen- oder Allradantrieb).

▼ **Fiat Ducato Combinato 4x4**, ELW 1, Geidobler, 1991, FF Dießen/Ammersee. In Höhe der seitlichen Schiebetür befindet sich im Inneren ein Arbeitstisch mit den Funkgeräten. Als Besonderheit weist das Fahrzeug Allradantrieb auf.

▼ **Audi A4 1.8 Avant**, ELW 1, Weschenfelder, 2000, FF Tauberbischofsheim. Besonderer Beliebtheit erfreuen sich Audi-, Mercedes-Benz- und BMW-Kombis, wobei vielfach Fahrzeuge mit Dieselmotoren bevorzugt werden.

▼ **Ford Scorpio 2.0**, ELW 1, 1994, FF Hilden. Nach der älteren Fassung der ELW-Normen waren auch viertürige Pkw als ELW 1 zulässig. Häufig, aber nicht immer wurden wegen des größeren Stauraums Kombis verwendet.

▲ **Mercedes-Benz 100 D-KB**, ELW 1, 1992, FF Schwedt/ Oder. Die Feuerwehr richtete sich dieses Fahrzeug in Eigenleistung zum ELW 1 her. Der in Spanien hergestellte MB 100 war in erster Linie als MTW bei der Feuerwehr zu finden; er wurde durch den Typ Vito abgelöst.

▲ **Mercedes-Benz 308 D**, ELW 1, GFT/Eigenumbau, 1991, WF SIG Combibloc GmbH & Co. KG, Linnich. Aus einem TSF baute sich die Werkfeuerwehr einen ELW 1 um. In Fahrzeugmitte befindet sich der Funkraum mit 2 Arbeitsplätzen, mit 2-m- und 4-m-BOS-Funk sowie Betriebsfunk. Vom Heck aus ist ein Geräteraum (u. a. mit Wassersauger) zugänglich.

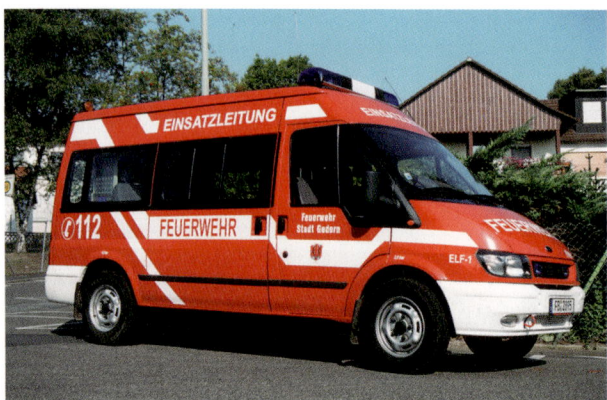

▲ **Ford Transit FT 330**, ELW 1, Pütting, 2001, FF Gedern. Die Firma Pütting aus Rees am Niederrhein hat sich auf den Ausbau von Kleinfahrzeugen spezialisiert, vor allem auf den Typ Ford Transit. Der Stauraum in diesem Fahrzeug mit Hochdach wird durch ein Geräteregal genutzt.

▲ **Opel Movano 2800 DTI**, ELW 1, Serie, 2000, FF Altenkirchen/Westerwald. Das Fahrzeug ist mit BOS-Funkgeräten (4 m und 2 m) ausgestattet, außerdem ist ein ZiehFix-Koffer zum Öffnen von Türen im Einsatzfall und eine Atemschutz-Überwachungstafel mit an Bord.

▼ **Volkswagen LT 35 TDi**, MZF/ELW 1, Schmitz/ Etscheid, 2004, FF Lindlar, Lg. Hohkeppel. Im mittig liegenden Arbeitsraum befindet sich ein großer Arbeitstisch mit Funkarbeitsplätzen und (versenkbaren) Laptops. Im Heck sind u. a. tragbarer Stromerzeuger, Überdrucklüfter und diverse Kleingeräte untergebracht.

▲ **Volkswagen T5 Syncro TDi**, ELW 1, GSF Sonderfahrzeugbau GmbH/Twist, 2005, WF Erdöl-Raffinerie Emsland, Lingen. Die lange Ausführung des VW T5 ermöglicht ausreichend Platz für einen Arbeitstisch und 2 Funkarbeitsplätze.

▲ **Mercedes-Benz Sprinter 313 CDi**, ELW 1, Binz, FF Erlangen. In Bayern werden die ELW oft auch als UG-ÖEL (Unterstützungsgruppe Örtliche Einsatzleitung) bezeichnet. Im Heck des Fahrzeugs befindet sich ein Besprechungsraum, im vorderen Bereich mit drehbaren Fahrer-/Beifahrersitzen der Funkraum mit 2 Arbeitsplätzen.

▼ **Iveco Daily 35S14/2.3 HPT**, ELW 1, Michael Schmidt/ Nastätten, 2006, FF Attendorn. Mittig im Fahrzeug sind zwei Funkarbeitsplätze angeordnet, im Heck befindet sich ein Einbau-Geräteschrank.

Einsatzleitwagen ELW 2

Kastenwagen und Kleinbusse mit einem zulässigen Gesamtgewicht von bis zu 7500 kg (bei Allradantrieb 9000 kg) sah die bis 1999 gültige Norm für ELW 2 vor: Sie sollten der Einsatzleitung von Verbänden mit Unterstützung von Führungsgehilfen dienen, bei Bedarf auch unter Einbeziehung eines Stabes. Um dieser Aufgabenstellung gerecht zu werden, war ein dreigeteilter Innenraum gefordert: mit dem Raum für Fahrer und Beifahrer, einem Raum mit fernmeldetechnischer Ausstattung und 2 vollständigen Arbeitsplätzen sowie einem davon abgeteilten weiteren Raum mit 5 Sitzplätzen für Besprechungen und dergleichen.

Die seit 1999 gültige Norm nennt für alle Fahrzeuge der Größenordnung ELW 2 (mit Straßen- und Allradantrieb) ein zulässiges Gesamtgewicht von bis zu 7500 kg. In Frage kommen handelsübliche Kastenwagen oder Fahrzeuge mit Kofferaufbau sowie – für den Einsatz in Verbindung mit Wechselladerfahrzeugen (WLF, siehe ab S. 158) – entsprechend ausgestattete Abrollbehälter (AB). Gefordert wird weiterhin eine Dreiteilung des Innenraums: in Fahrer- und Beifahrerraum (wegen der eigenständigen Fahrerkabine beim WLF ist der Innenraum des AB natürlich nur zweigeteilt), einen Arbeitsraum mit 3 Kommunikationsarbeitsplätzen sowie einen Besprechungsraum mit 5 Sitzplätzen.

▼ **Mercedes-Benz 814 F,** ELW 2, Ziegler, 1992, FF Lörrach. Auch große Hersteller wie Ziegler bieten ELW 2 an. Die eigentlichen Kofferaufbauten stammen üblicherweise von Zulieferern, nur die An- und Einbauten übernehmen die Fachunternehmen, wobei die Funktechnik in der Regel von Spezialfirmen stammt.

▲ **MAN-VW 8.150**, ELW 2,
GST/Eppelheim, 1991,
Landkreis Daun, FF Daun.
Der Innenraum des Koffer-
aufbaus ist in einen vorderen
Funkarbeitsraum und einen
hinten liegenden Bespre-
chungsraum unterteilt.

▶ **Iveco TurboDaily 35-10**,
ELW 2, 1991, FTZ Landkreis
Northeim, Bad Gandersheim.
Nicht selten nehmen Feuerwehren die Ausbauten der
ELW in Eigenleistung vor. Bei
diesem Fahrzeug wurde der
Besprechungsraum am Heck
angeordnet, der Arbeitsraum
mit seinen 2 Funkarbeits-
plätzen und Zugang über die
seitliche Schiebetür im
vorderen Bereich.

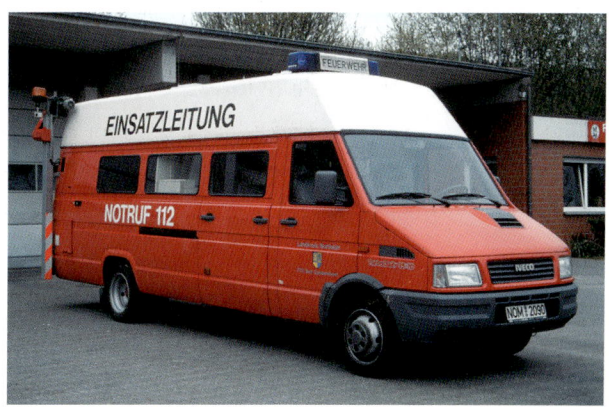

▲ **Mercedes-Benz Sprinter 412 D-KA**, ELW 2, Ziegler/Rendsburg, 1997, FF Kaltenkirchen. Das Land Schleswig-Holstein beschaffte für jeden Landkreis je einen »Führungskraftwagen Gemeinsame Einsatzführung Ort« (kurz FüKw GEO), der neben 2 Funkarbeitsplätzen und einem Besprechungsraum (hinten) auch ein Schnelleinsatzzelt mitführt. Wetterschutzmarkisen, klappbare Windmesseinrichtung auf dem Dach und ein ausfahrbarer Lichtmast gehören zur weiteren Ausstattung.

▲ **Mercedes-Benz 609 D-KA**, ELW 2, BitCom, 1994, Rettungsamt Landkreis Oberspreewald-Lausitz, FF Senftenberg. Bei diesem Fahrzeug ist der Arbeitstisch mit den Funkgerätekonsolen quer zur Fahrtrichtung eingebaut und durch die seitliche Schiebetür zugänglich. Der Zugang zum Besprechungsraum führt über die Hecktür.

▼ **Volkswagen T4 6x2**, ELW 2, Binz, 2001, WF Bayer Ind. Services, Werk Krefeld-Uerdingen. Bislang einzigartig blieb die Verwendung eines dreiachsigen VW T4 als ELW. Der Besprechungsraum ist von der Seite und von hinten aus begehbar. Der Funkraum wird vom Drehsitz auf dem Beifahrerplatz aus bedient.

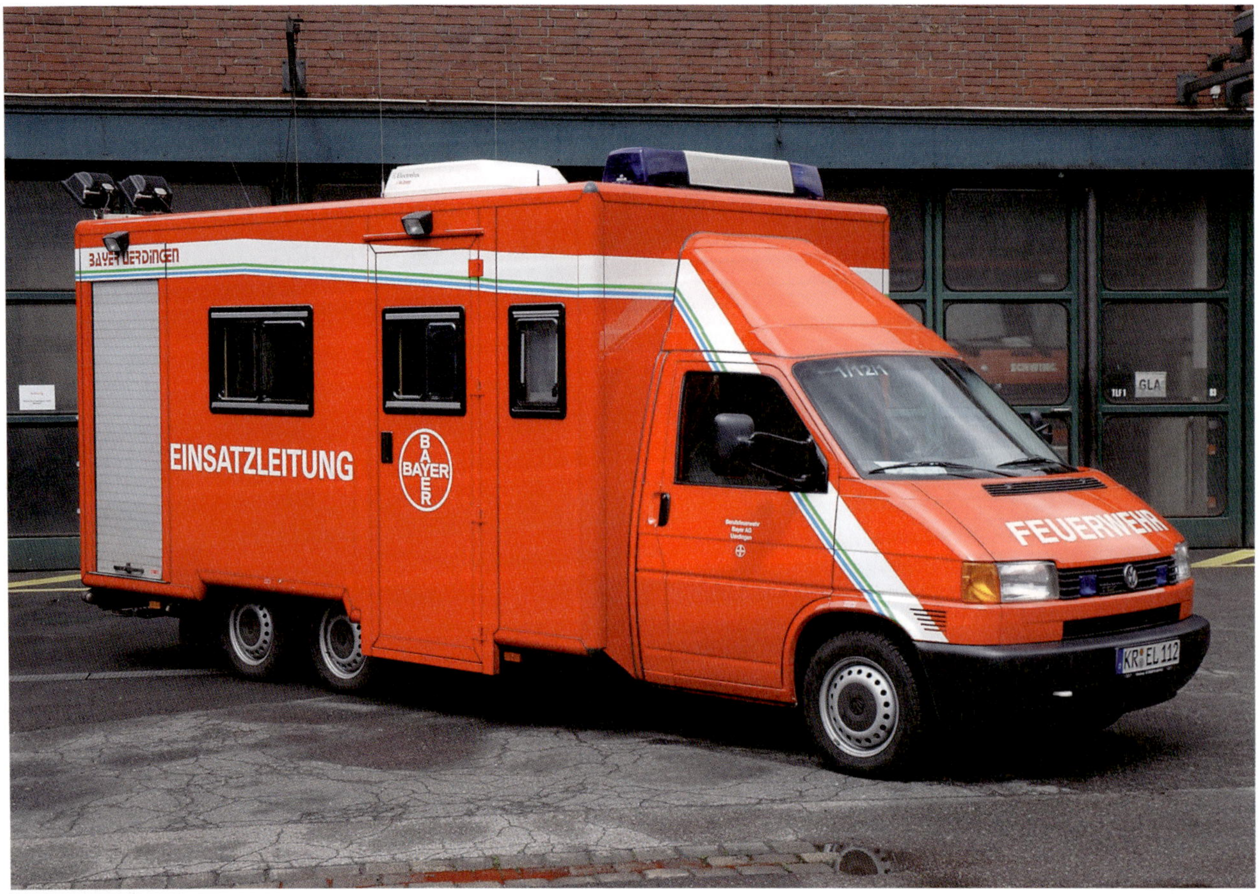

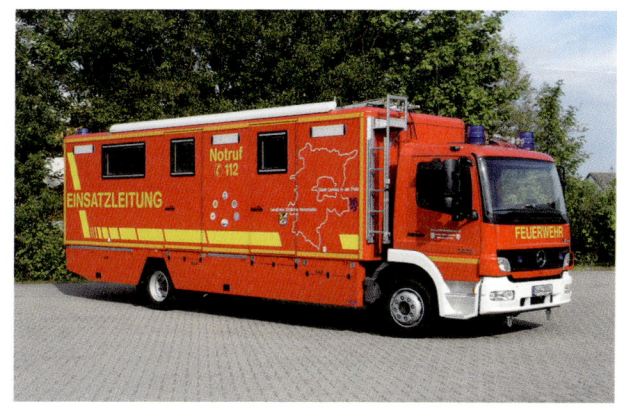

▲ **MAN LE 8.180**, ELW 2,
Schmitz, 2004, BF Bottrop.
Kommunikationsarbeitsraum
(vorne, 3 Arbeitsplätze an
der Aufbauvorderwand) und
Besprechungsraum sind über
getrennte seitliche Eingänge
zu erreichen.

▲ **Mercedes-Benz Atego
1223**, ELW 2, Hensel, 2005,
KatS Landkreis Südliche
Weinstraße/Stadt Landau,
FF Offenbach an der Queich.
Dieses Fahrzeug ist vom
Aufbau ähnlich konzipiert
wie das der BF Bottrop (Bild
links), jedoch noch länger.
Die Treppen für die seitlichen
Eingänge lassen sich bei
solchen Fahrzeugen unterflur
hinter Klappen einschieben.

▼ **Iveco 90E18**, ELW 2,
Schmitz, 2004, BF Herne.
MAN und Mercedes-Benz
stellen den Löwenanteil an
Fahrgestellen für ELW 2, Iveco
findet man dagegen nur
selten. Bei den Fahrzeugen
der BF Herne ist das sonst
übliche Weiß durchweg durch
einen grünlich gelben Farb-
ton ersetzt worden. Die
Raumaufteilung dieses ELW
entspricht der beim Bottroper
Fahrzeug genannten Lösung.

Einsatzleitwagen ELW 3

In der Norm von 1981 ist als größter Einsatzleitwagen der ELW 3 vorgesehen. Bis 16 000 kg war als zulässiges Gesamtgewicht für derartige Lkw mit Kofferaufbauten oder auch Omnibusse vorgesehen. Auch die Ausführung als Abrollbehälter war nach der Norm statthaft. Die Forderung nach einem dreigeteilten Innenraum (siehe ELW 2, S. 144) galt auch für ELW 3, jedoch waren hier 4 Kommunikationsarbeitsplätze sowie ein Besprechungsraum mit mindestens 10 Sitzplätzen vorgeschrieben. In erster Linie kommen diese Fahrzeuge bei umfangreichen Schadensfällen oder Katastrophen zum Einsatz, wenn es darum geht, große Verbände mit Unterstützung von Führungsgehilfen und Einsatzstäben zu führen.

Anlässlich der Neuauflage der ELW-Normen 1999 wurde der ELW 3 im Zuge der Typenreduzierung ersatzlos gestrichen, weil zu wenige Fahrzeuge nach diesen Vorgaben beschafft wurden. Nichtsdestotrotz wurden aber auch ab 1999 noch sehr große ELW in Dienst gestellt, die den Gewichtsbeschränkungen des ELW 2 keinesfalls entsprechen.

▶ **Mercedes-Benz 1722 L**, ELW 3, Krämer/Groß-Gerau, 1993, BF Wiesbaden. Mit einer Länge von 11,80 m gehört dieser ELW 3 zu den besonders langen Solofahrzeugen. Im vorderen Kommunikationsraum befinden sich 3 Arbeitsplätze, die jeweils mit 2-m- und 4-m-BOS-Funkgeräten ausgestattet sind. Von einem Arbeitsplatz aus besteht zusätzlich die Möglichkeit der Nachalarmierung von Kräften.

▶ **Iveco Stralis AD 190S31**, ELW 2, Borco-Höhns, 2005, Kreis Düren, Feuerschutztechnisches Zentrum. Von der Größenordnung passt das Fahrzeug nicht in den Vorschriftenrahmen des ELW 2, müsste also eigentlich als ELW 3 bezeichnet werden, obwohl es diesen Typ seit 1999 nicht mehr gibt. Trotzdem weist der Funkrufname (13) auf die Einordnung als ELW 3 hin. Bemerkenswert sind die beidseitigen hydraulischen Ausschübe, die im vorderen Besprechungsraum bis zu 12 Arbeitsplätze ermöglichen.

112
EINSATZLEITUNG
FEUERWEHR WIESBADEN
FEUERWEHR

Einsatzleitung
Katastrophenschutz
Rettungsdienst
Feuerwehr
112
Einsatzleitung
IVECO
STRALIS
310

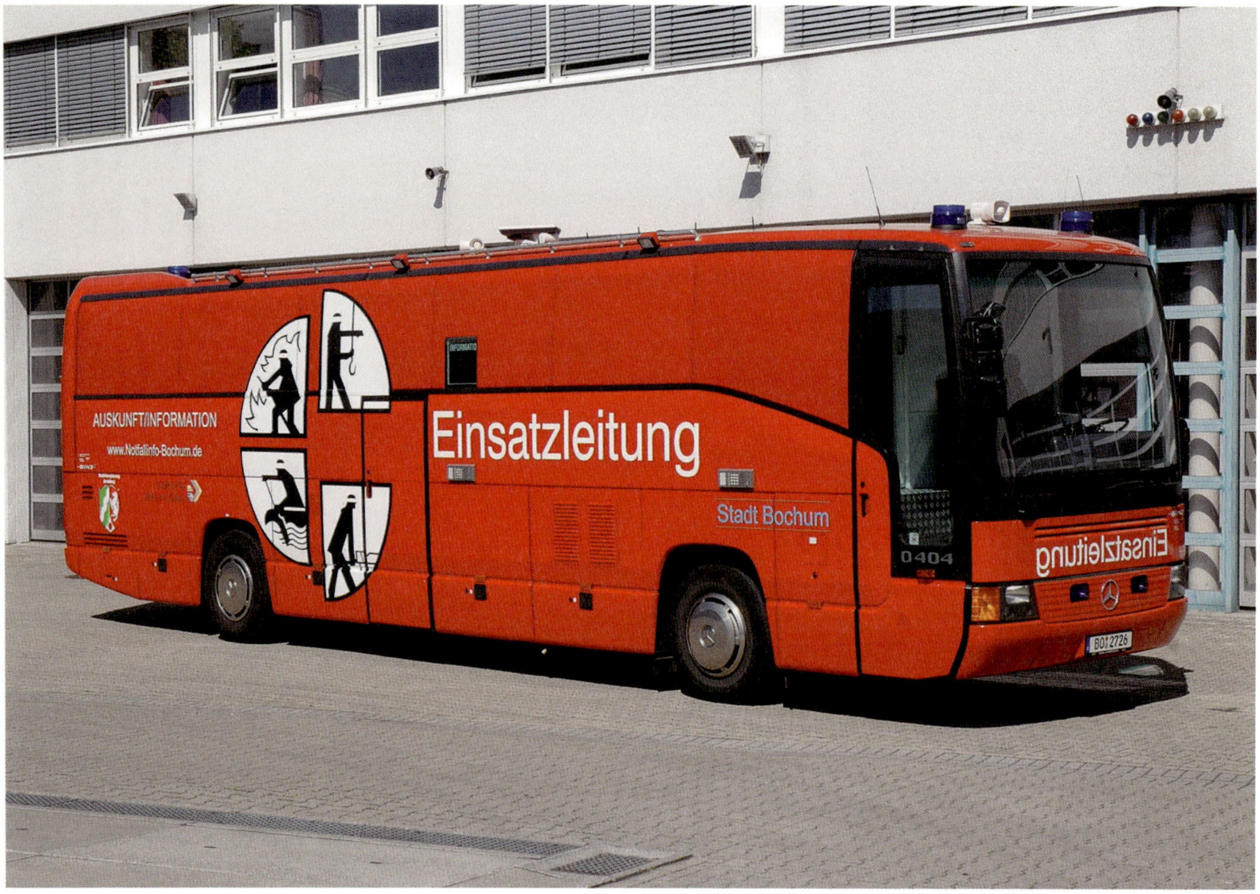
AUSKUNFT/INFORMATION
www.Notfallinfo-Bochum.de
Einsatzleitung
Stadt Bochum
0404
Einsatzleitung
BO 2726

EINSATZLEITUNG
FEUERWEHR MÜNSTER 112
MAN
EINSATZLEITUNG
FEUERWEHR MÜNSTER
MAN
MS 2739

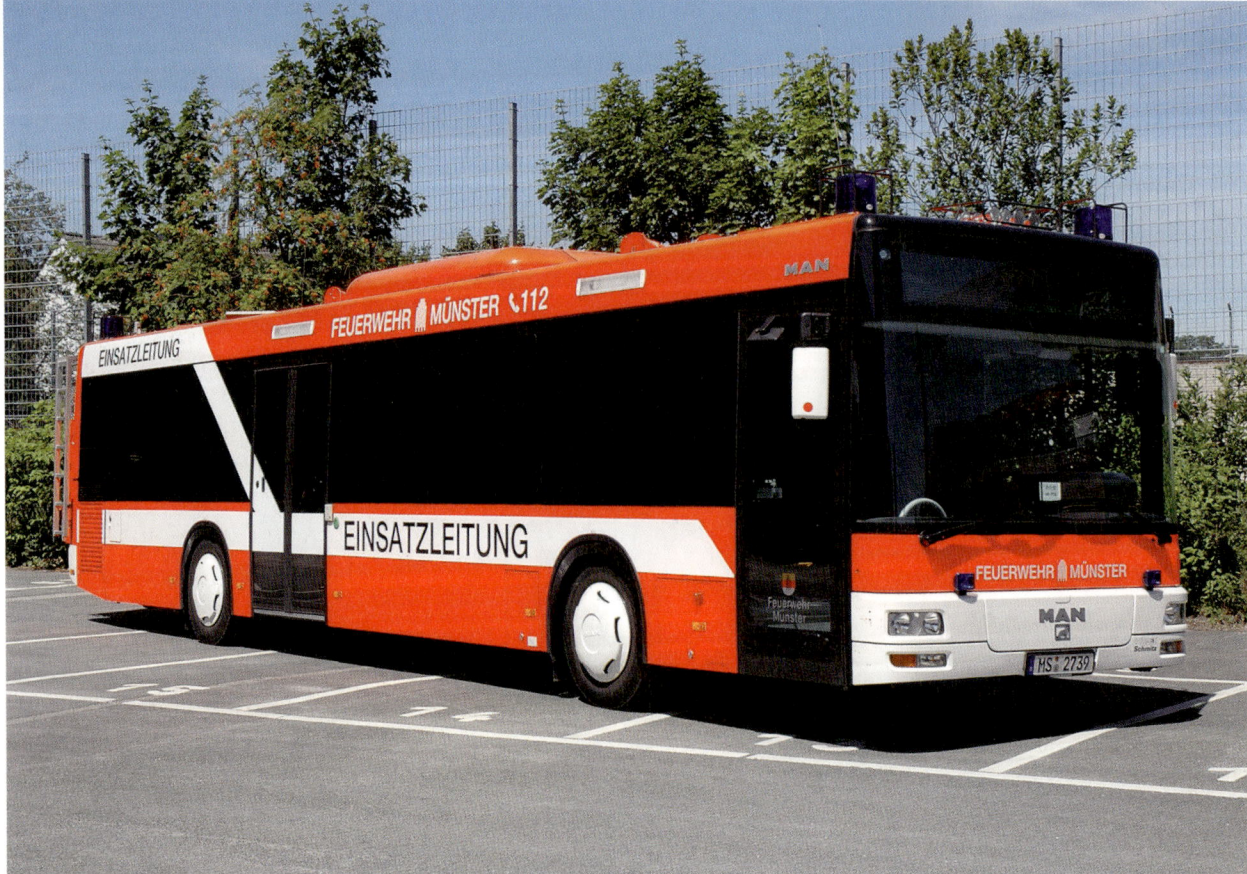

◄ **Mercedes-Benz O 404**, ELW 2, Binz/Baumeister & Trabant, 2003, BF Bochum. Es handelt sich um einen umgebauten Reiseomnibus, der vorne den Kommunikationsarbeitsraum mit 3 Plätzen und im Heck den Besprechungsraum aufweist. Die seitliche Verglasung wurde mit Folien beklebt. Auch dieses Fahrzeug entspricht – wie die nachfolgenden – nicht mehr den durch die Norm von 1999 gesetzten Begrenzungen des ELW 2, sondern eher der älteren Vorschrift zum ELW 3.

◄ **Neoplan N 4426/3 Ü**, ELW 2, Ziegler/Siemens, 2006, BF Karlsruhe. Die Daten dieses ungewöhnlichen ELW in Kurzform: 12 m lang, 4 m hoch, 22 000 kg schwer (zGG), 100 km/h schnell; 4 getrennte Räume: Kommunikationsarbeitsraum (3 Funkarbeitsplätze, je 1 Sichter-/Nachweiser-Platz) und Technikraum (hinten) im Unterdeck, im Oberdeck vorne ein großer Besprechungsraum (8 Sitzplätze + 3 Klappsitze) sowie ein Fachberaterraum (8 Plätze) im Heck.

◄ **MAN NL 313/D28/2T/E3**, ELW 2, Gimaex-Schmitz, 2005, BF Münster. Bei diesem Fahrzeug wurde der Kommunikationsarbeitsraum mit 4 Plätzen im Heck angeordnet, während sich der Besprechungsraum im mittleren und vorderen Bereich befindet. Zubehör für den Funkbetrieb findet sich in einem separaten Heckkoffer, wie er bei Reisebussen oft zum Ski- und Gepäcktransport verwendet wird.

▲ **Mercedes-Benz Actros 1831 S**, ELW 3, Binz/Lacroix/ AEG, 1999, BF Köln. Der erste als Sattelzug ausgeführte ELW 3 hat vorne im Funkarbeitsraum 5 Arbeitsplätze. Der Stabsraum im Heck lässt sich seitlich ausziehen. Das Fahrzeug ist hier zu Demonstrationszwecken einsatzbereit aufgebaut.

▲ **MAN TGA 18.340 BLS**, ELW 2, Binz/Schmitz Cargobull, 2006, BF Dortmund. Wichtige Daten in Kurzform: 16 m Länge; Aufliegerunterteilung von vorne: Stauraum für Ausrüstung (Jalousie), Technikraum (Klapptür), Haupteingang, Kommunikationsarbeitsraum mit 4 Plätzen (1 Masterplatz), seitlich ausziehbarer Besprechungsraum; insgesamt 17 Arbeitsplätze.

Kommandowagen KdoW

Durch die ab 1999 gültige Norm für Einsatzleitwagen fielen die Fahrzeuge der Pkw- und Geländewagenklassen aus der ELW-Gruppe heraus. Die dem Einsatzleiter zur Anfahrt und zum Erkunden dienenden Fahrzeuge erhielten in der neuen Norm die Bezeichnung Kommandowagen (KdoW), wofür nun zulässige Gesamtgewichte zwischen 1500 und 2500 kg vorgesehen sind. Wahlweise ist Allradantrieb zugelassen, vorgeschrieben ein 4-m-Mobilfunkgerät. Natürlich gab es auch schon vor 1999 derartige Fahrzeuge, deren Beschaffenheit und Ausstattung durch landesspezifische Vorschriften geregelt waren. Vielfach trugen sie bereits die Bezeichnung Kommandowagen oder auch einfach nur Einsatzleitwagen.

In der DDR versahen bei Feuerwehren nur wenige Pkw Dienste. Sie dienten in der Regel dem Einsatzleiter als Dienstwagen und wurden als »Ausrückedienstwagen« (ADW) bezeichnet. Einige Exemplare überlebten die Wende, zum Teil wurden auch »Jux-Fahrzeuge« aus Trabbis im Feuerwehr-Look gestaltet, die mit der Realität wenig zu tun haben. Trabant, Wartburg und einige weitere Ostblock-Fabrikate blieben im Feuerwehrdienst eher die Ausnahme und konnten sich nach 1989 zumeist nicht mehr lange halten.

▶ **Audi 2,3 E5 Automatik**, KdoW, 1990, WF AE Goetze GmbH (heute Federal Mogul), Burscheid. Das Fahrzeug wurde zunächst als ziviler Firmenwagen genutzt, ehe man es zum KdoW umrüstete.

▶ **BMW 520i, KdoW**, 1992, BF Weimar. BMW bietet seine Limousinen auch in Behördenausführungen an, für Feuerwehr und Polizei sowie als »zivile« Dienstwagen.

AE GOETZE GMBH
WERKFEUERWEHR
AE GOETZE
GL AC 511

FEUERWEHR
BERUFSFEUERWEHR WEIMAR
WE 20800

◄ **Volkswagen Passat Variant CL**, KdoW, 1995, WF Ciba Additive GmbH, Lampertheim. Besonderer Beliebtheit bei den Feuerwehren erfreut sich seit jeher der Passat in der Ausführung als Variant.

▼ **IFA Trabant Tramp**, KdoW, 1990, WF Lausitzer Braunkohle AG (LAUBAG), Betriebsteil Schwarze Pumpe. Dieser Trabant war kein Freitzeitspaß-Mobil, sondern ein im Tagebau nützliches Kleinfahrzeug. Die Versionen als Kombi und Limousine fanden sich in Feuerwehrdiensten häufiger als das für militärische Aufgaben vorgesehene »Vollkabrio«.

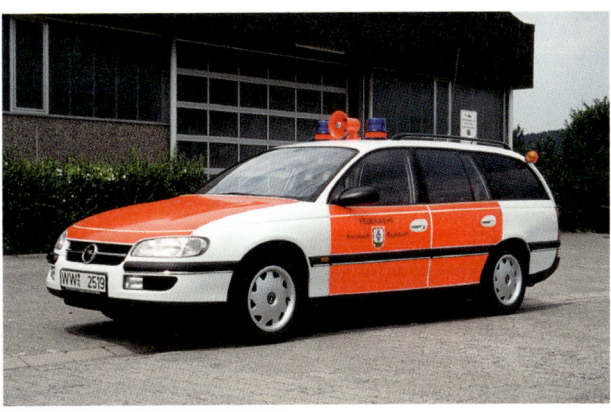

▲ **Opel Omega 2.0 Caravan**, KdoW, FFT/Mainz, 1996, FF Ransbach-Baumbach. Einige Angaben zur Ausstattung: Notarztkoffer, Rettungsrucksack, Defibrillator, Telefonanlage und Funkgeräte (2 m, 2 x 4 m), Einsatzpläne für Autobahn, ICE-Strecke und Industrie.

▲ **Ford Mondeo Turnier 2.0**, KdoW, 2002, FF Endingen/Kaiserstuhl. Vor allem größere Kombis eignen sich als KdoW, weil sie im Laderaum genügend Platz für die Ausrüstung nach örtlichen Erfordernissen bieten.

▼ **Wartburg 1,3**, KdoW, ca. 1990, BF Dresden. Der modernste Pkw der DDR fand sich in den 90er Jahren noch im Einsatzbestand der BF Dresden. Pkw waren bei Feuerwehren in der DDR nicht so verbreitet wie in Westdeutschland. Sie wurden im Allgemeinen als »Ausrückedienstwagen« (ADW) bezeichnet.

▲ **Chrysler Jeep Cherokee 4.0 High Output**, KdoW, ca. 1996, WF Lausitzer Braunkohle AG (LAUBAG), Betriebsteil Schwarze Pumpe. In dem Tagebau-Unternehmen, in dem »normale« Geländewagen die Regel sind, steht für besondere Aufgaben auch dieses besondere Fahrzeug zur Verfügung. Ansonsten findet man die luxuriösen Geländewagen dieser Klasse bei Feuerwehren eher selten.

▼ **Mercedes-Benz 290 GD**, KdoW/ELW, Serie, 1994, FF Dormagen. In der Praxis ist die Unterscheidung zwischen ELW 1 und KdoW nicht immer eindeutig. Für dieses Fahrzeug von 1994 mit nur 2 Einstiegtüren kommt eine Benennung als ELW 1 nicht in Betracht, weil dafür mindestens 3 Einstiegtüren notwendig wären. Die Realität lehrt hier einmal mehr, dass es keine Regel ohne Ausnahmen gibt.

▼ **Hyundai Galopper**, KdoW, Serie, 1998, FF Erftstadt. Die Geländewagen aus Japan, Südkorea und anderen asiatischen Ländern haben in Europa seit den 90er Jahren einen beachtlichen Marktanteil erreicht, der sich auch im Fahrzeugbestand der Feuerwehren bemerkbar macht.

▲ **Mercedes-Benz C 180 T**, KdoW, 2003, FF Bad Waldsee. Weit verbreitet sind die Modelle der C-Klasse von Mercedes-Benz – nicht nur in Baden-Württemberg. In Bayern findet man dagegen verstärkt Modelle von BMW und Audi.

▼ **Volkswagen Touareg 2.5 TDi**, KdoW, TDS Invents/Lüneburg, 2005, BF Bottrop. Auch die Nobel-Geländewagen aus deutscher Produktion haben vereinzelt Zugang in Feuerwehrdienste erhalten.

WECHSELLADER-
FAHRZEUGE

In der verladenden Wirtschaft und im Baugewerbe sind Wechselladerfahrzeuge schon seit den 60er Jahren verbreitet. Feuerwehren bedienen sich dieser Technik in größerem Umfang erst seit der zweiten Hälfte der 70er Jahre, nachdem zuvor bereits Versuche mit unterschiedlichen Systemen (u. a. bei den Feuerwehren in Duisburg, Dortmund, Gelsenkirchen, Hannover und Berlin) Aufschluss über die Vorteile und die systembedingten Grenzen gegeben hatten. Seit 1980 regelt eine DIN-Vorschrift vor allem allgemeine Anforderungen an die Abrollbehälter (AB) sowie an die Trägerfahrzeuge.

Wechselladerfahrzeuge (WLF) verfügen in der Regel über ein Fahrerhaus, das einer Besatzung von 1/2, mindestens aber 1/1 Platz bietet, und dienen zum Transport von feuerwehrtechnischen Einsatzmitteln und -geräten. Eine auf dem Chassis fest montierte Vorrichtung ermöglicht das Aufnehmen und Absetzen eines Abrollbehälters. Im Einsatzfall werden die benötigten AB zur Einsatzstelle transportiert und dort zur Entnahme der Beladung oder zur Nutzung der mitgeführten Einrichtungen abgesetzt. Das Trägerfahrzeug kann dann ggf. weitere Aufgaben übernehmen.

Die Trägerfahrzeuge (TF)

Anfang der 90er Jahre waren zwar nur zweiachsige Trägerfahrzeuge mit einem zulässigen Gesamtgewicht bis zu 18 000 kg vorgesehen, tatsächlich gibt es aber bis heute eine Vielzahl von drei- und sogar vierachsigen Fahrzeugen mit deutlich höherem zGG.

Erst in jüngster Vergangenheit ist im Zuge der Neuordnung der Normen eine eigene Vorschrift für WLF entstanden, die zwei Fahrzeuggrößenordnungen vorsieht: eine mit bis zu 18 000 kg (Zweiachser) und eine mit bis zu 26 000 kg zGG (Dreiachser). Die AB können Längen von bis zu 5900 mm bei Zweiachsern und bis zu 6900 mm bei Dreiachsern aufweisen. Im Allgemeinen reicht der vorgesehene Straßenantrieb aus, immer wieder findet man jedoch auch Fahrzeuge mit Allradantrieb.

Durchgesetzt hat sich das in verschiedenen Ausführungen erhältliche Hakensystem, selten sieht man aber auch Unterfahrsysteme oder Schwenkarm-/Kettensysteme, die in bestimmten Situationen Vorteile bieten. Leichte Fahrzeuge mit einem zGG von deutlich unter 16 000 kg sind nur ganz vereinzelt zu finden. Häufig dagegen sind WLF, die einen fest auf dem Rahmen montierten Ladekran aufweisen. Damit werden die Einsatzmöglichkeiten noch deutlich erweitert.

Die Abrollbehälter (AB)

Bei der Gestaltung der Abrollbehälter und ihren Verwendungsarten sind den Feuerwehren kaum Grenzen gesetzt. Pritschen, Ladeböden, Mulden oder Flüssigkeitstanks kommen ebenso in Betracht wie Kofferaufbauten; auch kombinierte Aufbauten sind möglich.

Nach Verwendung unterscheidet man z. B. AB-Einsatzleitung, -Gefahrgut, -Umweltschutz, -Rüstmaterial, -Atemschutz, -Betreuung und

-Massenanfall Verletzter. Für Nachschubaufgaben gibt es AB-Sonderlöschmittel, -Schaum, -Schlauch, -(Tauch-)Pumpen oder -Sandsäcke. AB-Tank können für Löschwassertransporte oder zur Aufnahme von flüssigen Gefahrgütern nach Havarien eingesetzt werden, AB-Mulde zur Aufnahme von Trümmern, Brandschutt oder Ladung.

Die üblichen Löschfahrzeuge lassen sich nicht in Wechselladertechnik darstellen, weil der Zeitaufwand für Aufnehmen und Absetzen eines entsprechenden Abrollbehälters zu groß wäre und zudem Pumpenantriebe, Stromversorgung und dergleichen vom Fahrgestell unabhängige Lösungen erfordern.

Hubwagen

Eine Sonderform der WLF stellen die von Ruthmann produzierten, oft »Hubwagen« genannten Fahrzeuge dar, die für Spezialaufgaben bei einigen Feuerwehren vorgehalten werden (siehe Bilder S. 166/167). In erster Linie werden Unimog-Triebköpfe eingesetzt, bisweilen finden jedoch auch andere Vorderwagen Verwendung wie z. B. Atego und Vario von Mercedes.

Zu den besonderen Vorteilen dieser Fahrzeuge zählt zum einen die Möglichkeit der ebenerdigen Be- und Entladung. Zum andern lässt sich der Wechselaufbau waagerecht auf ein anderes Niveau zur Be- und Entladung anheben oder absenken. Von Interesse ist dies z. B. bei bemannten Rettungszellen, beim Transport einer bemannten Druckkammer oder beim Tiertransport.

Wechsellader aus DDR-Zeiten

Der Vollständigkeit halber sei erwähnt, dass es in der DDR ein Wechselladersystem nur in Form des »SW 30 C« (Schlauchwagen 3000 m, Container) gab, der bei größeren Feuerwehrkommandos vorgehalten wurde; die Entwicklung geht auf das Jahr 1979 zurück. Bei dem Behälter handelt es sich um eine Art Rollwagen, der mit Hilfe einer Zugvorrichtung über eine Rampe abgesetzt werden kann.

Diese Fahrzeuge findet man auch heute noch bei zahlreichen Feuerwehren in den neuen Bundesländern im Einsatz. Deshalb soll hier auch ein Exemplar im Bild vorgestellt werden (siehe S. 166/167), obwohl das Baujahr nicht in den in diesem Buch gesteckten Zeitrahmen passt. Weder zu DDR-Zeiten noch später wurde das System durch andere Aufbauten ergänzt oder weiterentwickelt, von ganz wenigen Einzelfällen aus Eigeninitiative einmal abgesehen.

▼ Mercedes-Benz 1824 AK, WLF mit AB-Gefahrgut, System Multilift/AB Ziegler, 1994, FTZ Landkreis Lüchow-Dannenberg, Dannenberg/Elbe. Wegen der hoch liegenden Geräteräume werden AB im Einsatzfall in der Regel vom Trägerfahrzeug abgesetzt.

▼ **Iveco-Fiat 175-24 A**, WLF mit AB-Löschpulver 2 x 750 kg, System Atlas/Eigenbau, 1990 (Tf), BF Freiburg. Sonderlöschmittel werden heutzutage in größeren Mengen üblicherweise in Form von Abrollbehältern transportiert. Häufig werden ältere Pulverlöschanlagen dabei umgesetzt und weiterverwendet.

◄ Multifunktional: Wechselladerfahrzeuge können durch austauschbare Abrollbehälter eine Vielzahl von Aufgaben wahrnehmen. Dieses auf der Interschutz 2005 vorgestellte Kleinfahrzeug (Iveco Daily 65C17 HPT, WLF mit AB-TSF-W, H+E, 2005) sollte zeigen, dass Wechselsysteme auch für kleine Feuerwehren attraktiv sind.

▲ **Mercedes-Benz 1320**, WLF mit AB-Schlauch, System Atlas/AB Heines, 1990/AB 1998, BF Iserlohn. Über den heckseitigen Geräteraum besteht die Möglichkeit, Schlauchleitungen bei verhaltener Fahrt zu verlegen. Besondere Anforderungen hinsichtlich der Geländetauglichkeit erfüllen derartige Fahrzeuge natürlich nicht.

▲ **MAN TGA 35.410 8x8/4,**
WLF mit AB-Rüst/Schiene,
System VDL/AB Schörling,
Bucher, 2004/AB 1993,
BF Duisburg. Bei diesem AB
handelt es sich um eines der
beiden selbstfahrenden
Arbeitsgeräte für Schienen-
betrieb. An geeigneten
Stellen aufgegleist, kann
der AB zur Hilfeleistung in
U-Bahntunnel einfahren.

◄ **MAN 18.284 LLC**, WLF mit
AB-Einsatzleitung, Gergen/
Schall, 2001, BF Hagen/West-
falen. Dieser AB wird im Einsatzfall mit einem weiteren
AB verbunden und dient
dann der Einsatzleitung als
Arbeitsraum. Das Chassis mit
einem zGG von 18 000 kg
weist eine Jung-Nachlauf-
lenkachse auf.

▲ **MAN TGM 13.280 4x4**, WLF mit AB-MANV, System Meiller, Ausrüstung Friedt (Köln)/AB Binz, 2006 (Tf/AB), FF Marienheide, Lg. Kalsbach, AB vom Katastrophenschutz NRW, stationiert beim Brandschutzzentrum Oberbergischer Kreis, Kotthauserhöhe. Der AB dient der Versorgung massenhaft anfallender Verletzter (MANV). Ungewöhnlich ist das leichte Fahrgestell mit Allradantrieb (14 000 kg zGG).

▼ **Scania R 113 HL 360 6x4L**, WLF mit AB-Pritsche, System Atlas/AB Bruns, 1993/AB 1999, FF Emden. Das ungewöhnliche Chassis wurde gebraucht erworben. Der AB eignet sich für allgemeine Transport- und Nachschubaufgaben.

▼ **Mercedes-Benz Actros 1831**, WLF mit AB-Mehrzweck, System Multilift/AB Heines, 1998 (Tf/AB), FF Pinneberg. Das mit einem HIAB-Ladekran (max. 4050 kg/1,80 m) ausgestattete Fahrzeug trägt hier einen noch nicht ausgebauten AB, der für verschiedene Aufgaben geeignet ist.

▲ **Mercedes-Benz Actros 3340 A**, WLF mit AB-Kran, Palfinger/ Heines, 2002, BF Düsseldorf. Auf dem einzelbereiften Allrad-Chassis ist ein Ladekran (Palfinger PK 24500, 7400 kg/2,9 m bzw. 1580 kg/12,3 m) montiert. Im AB werden für den Einsatz des Düsseldorfer Feuerwehrkrans u. a. Rettungs- bzw. Arbeitskorb, Palettengabel, Greiferschaufel, Lastnetze, Transportbehälter von 40 l bis 800 l sowie diverse Anschlagmittel und Transportzangen zur Einsatzstelle gebracht.

▲ **Mercedes-Benz Actros 4140 A 8x8/4**, WLF mit AB-Mobile Feuerlöschpumpe, System Meiller/AB Kuikens Hytrans NL, 2000/AB 1999, WF Erdöl-Raffinerie Emsland, Lingen. Im AB befinden sich zwei hydraulisch angetriebene Tauchpumpen (120 l/min) mit einer Druckerhöhungspumpe (240/12). Den Antrieb übernimmt ein Detroid-Diesel mit 1100 PS.

▼ **Iveco 180E28**, WLF mit AB-Schlauch, System Palfinger/AB Heines, 2006 (Tf/AB), FF Hattingen, Lg. Holthausen. In diesem AB werden gut 100 B-Schlauchlängen, die teilweise in Rollwagen verlastet sind, sowie eine TS 8/8 mitgeführt. Der Einbau von 2 Gitterboxtanks à 500 l Schaummittel ist geplant.

▲ **MAN 19.343**, WLF mit AB-Ölwehr/Bindemittel, System Neumeister/AB Zikun, 1996 (Tf/AB), WF BASF AG, Werk Ludwigshafen. Unterfahr-Wechselsysteme sind in der verladenden Wirtschaft verbreitet, bei Feuerwehren jedoch selten. Vorteilhaft ist der geringe Platzbedarf nach oben während des Absetzvorgangs (wichtig bei Absetzvorgängen z. B. unter Rohrbrücken). Die Stützen werden elektrohydraulisch betätigt.

▲ **Mercedes-Benz Atego 1017 L**, WLF mit AB-Umweltschutz/Messleitfahrzeug, System Vario-Lift/AB Transporttechnik GmbH (Hamburg), Ausbau Binz, 1999/AB 2000, BF Stuttgart. 3 Fahrzeuge mit diesem Wechselaufbausystem beschaffte die Berufsfeuerwehr 1999/2000. Der Absetzvorgang erfolgt durch Absenken des luftgefederten Fahrgestells.

▼ **MAN FE 310 A**, WLF- mit AB-Rettungszelle, Meiller-Absetzsystem/AB Ottenbacher, 2002/AB 1982, BF München. Absetzsysteme wie dieses gab es früher häufiger, heute dagegen fast nur noch für Sonderaufgaben. Die hier verlastete Rettungszelle dient z. B. dem Transport von Patienten, die an medizinische Geräte angeschlossen sind. Beim Auf- bzw. Absetzvorgang bleibt der AB-Boden waagerecht.

▼ **Mercedes-Benz Vario 815 D-K,** WLF mit AB-Rüstmaterial, System Palfinger/AB Christmann, 2003 (Tf/Umbau AB), FF Gladenbach. Kleine WLF wie dieses sind selten. Die Feuerwehr machte aus der Not eine Tugend: Der Metz-Koffer stammt von einem ausgemusterten RW 1 und wurde zum AB umgebaut, denn im »Nachfolger« des RW 1, einem HLF 16, konnte nicht alles an Material untergebracht werden, und die Beschaffung eines neuen Rüstwagens war nicht möglich.

▼ **MAN LE 10.180,** WLF mit AB-Bindemittel, System Meiller/AB Eigenumbau, 2004 (Tf), BF Duisburg. Die BF Duisburg besaß ab den 70er Jahren auch ein weit entwickeltes Schwenkarm-Absetzsystem, setzte aber später nur noch auf Abrolltechnik. Da mit den sehr großen Vierachsern nicht alle Einsatzstellen erreichbar sind, hält die BF auch noch mehrere leichte Fahrzeuge vor, für die zahlreiche alte Absetzbehälter umgerüstet wurden.

▶ **Mercedes-Benz Unimog U 1400 T,** WLF mit AB-Radlader, Hubwagen System Ruthmann, 1998, BF Düsseldorf. Ideal geeignet sind derartige Hubfahrzeuge zum Transport eines Gabelstaplers oder eines kleinen Radladers. Der Ladeboden lässt sich zum Be- und Entladen absetzen, das Fahrzeug selbst dann für andere Aufgaben einsetzen.

▲ **VW-MAN 9.150 F,** WLF mit AB-Umweltschutz, System Meiller/AB Bruns, 1993 (Tf/AB), FF Vlotho. Ebenfalls über ein leichtes WLF-System verfügt die FF Vlotho. Im AB ist die Ausrüstung in Rollwagen verlastet. Es ist u. a. noch ein ELW-Koffer vorhanden.

▲ **Mercedes-Benz Vario 812 DT,** WLF mit AB-Mehrzweckpritsche, Hubwagen System Ruthmann, 2004, BF Köln. Außer dem Unimog lassen sich auch andere Triebköpfe zum Bau von Hubwagen verwenden.

▶ **IFA W 50 L/K,** WLF mit AB-Schlauch 3000 (SW 30 C), »VEB Rationalisierung der örtlichen Versorgungswirtschaft« (Dessau), 1980, FTZ Landkreis Wernigerode. Der »Container« steht auf Rollen und kann über eine Rampe nach hinten abgesetzt werden.

13
14
Feuerwehr
FEUERWEHR
FEUERWEHR
WLF-10

WR90-66/5
LANDKREIS WERNIGERODE
Feuerwehr-
technische Zentrale

WEITERE
FAHRZEUGARTEN

In diesem Kapitel sollen einige weitere Fahrzeugarten und Einzelfahrzeuge vorgestellt werden, die nicht unter die bis hierher dargestellten Oberbegriffe fallen. Teilweise handelt es sich dabei um Sonderfahrzeuge für sehr spezielle Aufgaben, die nicht bei allen Feuerwehren in gleichem Maße in Erscheinung treten. Der Einfachheit halber sind hier auch die Mannschaftstransporter (MTW) sowie die Schlauchwagen (SW) eingeordnet. Um ihren Charakter als »Sonderlösung« zu verdeutlichen, werden in diesem Kapitel außerdem die seit einigen Jahren verstärkt aufkommenden »Kombifahrzeuge« (z. B. Drehleiter/Löschfahrzeug) behandelt.

▼ Nicht nur fürs Grobe: Sonderfahrzeuge stehen für zahlreiche Aufgaben bei den Feuerwehren zur Verfügung. Großbrände bekämpft man erfolgreich mit dem Turbo-Löscher.

Mannschaftstransportwagen MTW

Als Fahrzeuge zum Transport von Mannschaften kommen alle handelsüblichen Kleintransporter und Kleinbusse in Betracht, die – mit ausreichend Sitzplätzen bestückt – für den Personentransport zugelassen sind. In der Regel weisen MTW 8 Sitzplätze auf. Die Fahrzeuge dienen einerseits dazu, den über die Besatzung der Einsatzfahrzeuge hinausreichenden Bedarf an Einsatzkräften zu befördern; sie werden andererseits auch verwendet, um bei lange andauernden Einsätzen erschöpfte Einsatzkräfte abzulösen.

Solche Fahrzeuge finden sich vor allem bei den Einheiten der Freiwilligen Feuerwehren, denn auch außerhalb von Einsätzen besteht häufig die Notwendigkeit, Personen oder auch Material in geringem Umfang zu transportieren. Die Teilnahme an zentral durchgeführten Lehrgängen wird per Dienstfahrt mit einem MTW ebenso ermöglicht wie der Transport einer Abordnung zum Besuch einer Veranstaltung, die Fahrt der Jugendfeuerwehr zur Teilnahme an einer Übung oder das Abholen von Ersatzteilen aus der Feuerwehrtechnischen Zentrale.

Weit verbreitet sind darüber hinaus so genannte Mehrzweckfahrzeuge. In diesen können nicht nur Personen transportiert werden; sie verfügen zudem über einen größeren Stauraum (teils mit Geräteschrank oder -regal) und nicht selten auch über einen kleinen Tisch für Schreibarbeiten oder das Absetzen von Funksprüchen.

▼ **Volkswagen T4**, MTW, 1993, FF Gummersbach, Lg. Niederseßmar. Seit jeher stehen die VW-Busse bei den Feuerwehren hoch im Kurs. Mit einem besonders großen Platzangebot wartet die lange Version auf.

▲ **Barkas B 1000**, MTW, Serie, ca. 1988, FF Plessa, Lg. Hohenleipisch. Was der VW-Bulli in der BRD war, war der Barkas in der DDR: Von 1961 bis 1990 wurde der Kleintransporter nahezu unverändert produziert. Kurz vor dem Einstellen der Fertigung ersetzte man den antiquierten Zweitaktmotor noch durch einen Viertakter aus VW-Produktion.

▶ **Ford Transit FT 120 TD Automatik**, MTW, 1996, BF Magdeburg. Auch der Ford Transit fand bei den Feuerwehren zahlreich Verwendung. Hinter den 3 Sitzreihen mit insgesamt 8 Sitzplätzen befindet sich noch ein kleiner Stauraum, der über die Heckklappe zugänglich ist.

▲ **Mercedes-Benz Sprinter 313 CDi 4x4**, MTW, 2003, FTZ Kreis Paderborn. Das Allrad-Fahrzeug ist mit 3 Sitzreihen ausgestattet und bietet dank des langen Radstands zusätzlich einen großen Stauraum am Heck, der über eine Doppelflügeltür zugänglich ist.

▲ **Fiat Ducato**, MTW, Ausbau Auto-Center Mosolf (ACM), 2005, FF Bocholt. In jüngster Zeit finden auch der Ducato von Fiat und die weitgehend baugleichen Modelle von Peugeot und Citroën Eingang in den Dienst deutscher Feuerwehren.

▼ **Opel Vivaro 2,5 CDTI 2H1**, MTW, 2006, FF Gladbeck. Mit langem Radstand bietet der Kleinbus von Opel – er stammt aus der Fertigung von Renault und heißt dort »Trafic« – ausreichend Stauraum am Heck. Besonders auffällig ist die Lackierung, die alle neueren Gladbecker Fahrzeuge tragen.

▲ **Mercedes-Benz 611 D**, MTW, Ausbau Frenzel-Interieur, 1991, BF München. 20 Sitzplätze (+ Fahrerplatz) bietet der MTW der BF München, die das Fahrzeug in erster Linie für die Feuerwehrschule zum Transport von Lehrgangsteilnehmern sowie zur Ablösung von Einsatzkräften vorhält.

▲ **Temsa Liberty LB 26**, MTW, 2000, BF Braunschweig. Einmalig dürfte bei einer deutschen Feuerwehr dieses Fahrzeug türkischer Herkunft sein. Omnibusse dienen teilweise auch den Feuerwehr-Musikorchestern als Reisewagen. Bei Einsätzen werden sie gerne zur kurzfristigen Unterbringung von Personen verwendet, z. B. als Aufwärmraum, Ruheraum für nicht verletzte Opfer oder Raum für die Erstbetreuung durch Seelsorger.

▼ **MAN 14.220 HOCL/E3**, Mannschaftsbus/Betreuung, Serie, 2004, BF Köln. Das Fahrzeug dient dem Mannschaftstransport, kann aber bei Bedarf auch für Betreuungszwecke als klimatisierter Aufenthaltsraum verwendet werden. Die 34 Sitzplätze lassen sich leicht ausbauen und gegen Halterungen für Rollstühle austauschen.

Schlauchwagen SW

Schlauchwagen führen eine feuerwehrtechnische Beladung mit, die u. a. auch eine Tragkraftspritze umfasst. Die Fahrzeuge dienen zum Verlegen von B-Druckschlauch und außerdem für den Nachschub von Schlauchmaterial an Einsatzstellen. Bis Anfang der 90er Jahre gab es die genormten Typen SW 1000, SW 2000 und SW 2000-Tr. Im Zuge der Typenreduzierung entfielen SW 1000 und SW 2000 bereits 1991, seitdem gibt es als einzigen Typ nur noch den SW 2000-Tr. Dessen Besatzung besteht aus einem Trupp (1/2); vorgeschrieben sind ein maximales zulässiges Gesamtgewicht von 9000 kg sowie Allradantrieb. Die Kennzahl in der Fahrzeugbezeichnung gibt die Länge der auslegbaren (B-)Schlauchleitung in Meter an. Obwohl die Typen SW 1000 und SW 2000 schon gleich zu Beginn des Betrachtungszeitraums dieses Buches aus der Norm herausfielen, wurden auch in den 90er Jahren in seltenen Fällen noch solche Fahrzeuge beschafft. Den größten Teil der Schlauchwagen stellen zweifellos die im Rahmen des Katastrophenschutzes vom Bund beschafften Typen (SW 2000-Tr). Deren charakteristische Aufbauform (Gerätekoffer mit anschließender Pritsche/Plane) findet auch beim heute gebräuchlichen GW-L2 (GW-Logistik, siehe S. 130) vielfach Verwendung.

Die Norm für die SW 2000-Tr wurde 2005 zurückgezogen. Seither ist für deren Aufgaben vorgesehen, GW-L2 mit dem Beladungsmodul »Wasserversorgung« auszustatten, wodurch sich ein dem bisherigen SW 2000-Tr vergleichbares Fahrzeug ergibt. Vielfach werden auszumusternde Fahrzeuge heute nicht mehr durch Neufahrzeuge, sondern durch AB-Schlauch (Abrollbehälter, siehe S. 159) ersetzt.

▼ **Mercedes-Benz 1222 AF**, SW 2000, Schlingmann, 1990, FF Möhnesee, Lg. Körbecke. Für den 1991 aus der Normung gefallenen SW 2000 war ein zGG von maximal 11 000 kg vorgesehen. Dieses Fahrzeug ist mit einem zGG von 12 000 kg sogar noch etwas schwerer.

▼ **Mercedes-Benz Unimog U 1300 L**, SW 1000, Ziegler, 1990, FF Tuningen. Der Unimog ist unschlagbar beim Verlegen im Gelände, jedoch keine kostengünstige Lösung.

▼ **Mercedes-Benz Unimog U 1550 L**, SW 2000-Tr, Lentner, 1994, KatS, BF Hoyerswerda. Nach wenigen Prototypen beschaffte der Bund für den Katastrophenschutz insgesamt 80 Exemplare dieses Typs. Die hier gewählte Bauform mit Koffer und Pritsche/Plane bewährte sich so gut, dass sie in ähnlicher Form bis heute gerne für kommunale SW verwendet wird und auch für die GW-L2 vorgesehen ist.

▲ **Iveco TurboDaily 49-12**, SW 1000, Lüdeker Brandschutz/Glandorf-Schwege, 1997, FF Sulingen. Als 1997 gebauter SW 1000 schon eine Seltenheit, weist dieser Schlauchwagen außerdem als Besonderheit die serienmäßige Doppelkabine von Iveco auf.

▲ **Iveco FF 95E18 W**, SW 2000-Tr, Odenwaldwerke Rittersbach GmbH (Elztal, OWR), 1996, KatS Landkreis Tuttlingen, FF Trossingen. Von diesem Typ wurden insgesamt 231 Exemplare für den Katastrophenschutz beschafft, davon der überwiegende Teil mit Aufbauten von Lentner.

▼ **MAN 8.163 LAEC**, SW 2000, Schmitz, 1997, FF Bad Hersfeld. Der Aufbau ist der Ausführung des KatS-Schlauchwagens nachempfunden. Im Gegensatz zu den KatS-Fahrzeugen verfügen die kommunalen Beschaffungen jedoch zumeist über eine hydraulische Ladebordwand am Heck. Bei diesem Fahrzeug wurde eine Hubfix-Ladebordwand mit einer Nenntragkraft von 1000 kg verwendet.

▼ **Mercedes-Benz 917 AF**, SW 2000-Tr, Ziegler, 1997, FF Olpe. Bei diesem Fahrzeug fand die konventionelle Kofferbauform Verwendung.

▲ **Mercedes-Benz Atego 918 A**, SW 2000-Tr, Schmitz, 2004, FF Altenberge. Das Fahrzeug ist mit Stromerzeuger und Lichtmast ausgestattet. Hier sind die Schläuche nicht – wie sonst allgemein üblich – in Buchten verlegt, sondern gekuppelt und gerollt à 10 Stück in wiederum 10 Tragekörben verstaut.

▼ **MAN 12.232 FA**, SW 2000-T, MAN Wittlich/Ziegler, 1993, FF Kornwestheim. Bei diesem Fahrzeug wurde die kombinierte Bauform aus Kofferteil und Pritsche mit Plane angewandt.

▼ **Mercedes-Benz Atego 925 A**, SW 2000, Ziegler (Werk Rendsburg), 2005, FF Aschersleben. Obwohl dieses Fahrzeug als SW 2000 bezeichnet wird, handelt es sich im Grunde um einen GW-L2 mit Beladungsmodul »Wasserförderung«. Bemerkenswert erscheint die Tatsache, dass im Kofferteil beidseitig je eine Tragkraftspritze eingeschoben ist.

Kombinationsfahrzeuge mit Hubrettungssatz

Teleskop-Gelenkmastbühnen werden vor allem in Industriebetrieben häufig auch als »Löscharme« eingesetzt. Dazu wird an der Plattform ein Schaum-Wasser-Werfer in Stellung gebracht, der über die an solchen Fahrzeugen meist fest verlegte Steigleitung versorgt wird. Um nicht noch ein zusätzliches Fahrzeug mit leistungsfähiger Feuerlöschpumpe zur Speisung vorhalten zu müssen, gingen die Werkfeuerwehren öfter dazu über, die Teleskop-Gelenkmaste (TGM) mit einer eigenen, besonders leistungsfähigen Feuerlöschpumpe auszustatten. Teilweise wurden die Fahrzeuge zudem mit einem Schaummitteltank bestückt (siehe auch S. 110/111).

Kombi-Fahrzeuge von Metz und Magirus

Den Grundgedanken der eben beschriebenen Kombi-Fahrzeuge machten sich auch Metz und Magirus zu Eigen, jedoch mit anderen Einsatzhintergründen. Metz fertigte für Länder im asiatischen Raum schon seit einigen Jahren mit Erfolg zahlreiche Kombinationen aus Drehleiter DLK 12-9 und Tanklöschfahrzeug TLF 16/20. Daraus entstanden dann ab 1999/ 2000 die vom Hersteller Metz als DLK 12-9 FA (First Attack) bezeichneten Fahrzeuge für den deutschen Markt, die mittlerweile bei einer Reihe von Feuerwehren im Einsatz stehen.

Mitbewerber Magirus beschritt einen anderen Weg: Der Ulmer Hersteller verwendet für ähnliche Kombifahrzeuge, die die Bezeichnung »Multistar«

tragen, Hubrettungseinheiten der Ascheberger Firma Klaas Alukranbau GmbH. Dabei handelt es sich um Teleskop-Gelenkmaste mit einem kurzen, am Drehstuhl liegenden Gelenkteil. Damit können nicht nur einem Löschfahrzeug entsprechende Ausstattungen kombiniert, sondern auch Rüstwagen ausgestattet werden. Auch Magirus konnte bereits mehrere derartige Fahrzeuge in Deutschland absetzen.

▼ **Mercedes-Benz Atego 1528 F,** DLK 12-9/TLF 16/20, Metz, 2000, Vorführwagen Fa. Metz. Metz bezeichnete seine Kombifahrzeuge anfangs als »DLK 18 First Attack«, um damit zu dokumentieren, dass sich im Zusammenspiel von Hubrettungsteil, Feuerlöschpumpe und den mitgeführten (bis zu) 2000 l Wasser ein Erstangriff bei Brandeinsätzen durchführen lässt. Vor allem für kleine Feuerwehren sollte das Fahrzeug interessant sein.

▲ **MAN LE 18.280**, HURW, Magirus/Klaas, 2005, FF Ascheberg. Das erste von Magirus in Deutschland verkaufte Fahrzeug dieser Art. Es handelt sich um einen »Hubrettungs-Rüstwagen« (HURW), also eine Kombination aus Hubrettungsgerät und Rüstwagen. Eingebaut sind eine Rotzler-Zugvorrichtung (50 kN) und ein Stromerzeuger mit 23 kVA. Das Fahrzeug ersetzte einen RW 2, ein Hubrettungsfahrzeug hatte die FF Ascheberg zuvor nicht.

▲ **MAN LE 15.280**, DLK 12-9/ TLF 16/20, Metz, 2004, FF Niederkrüchten, Lg. Elmpt. Anstatt der anfangs verwendeten Form mit einer baulichen Einheit von Mannschaftskabine und Geräteaufbau nutzt man hier die serienmäßige Doppelkabine von MAN-Wittlich. Die Beladung des Fahrzeugs ähnelt der des TLF 16.

▲ **MAN LE 18.280**, HULF 20/ 16-5, Magirus, 2006, WF Fordwerke AG, Werk Köln. Der Bezeichnungslogik des Herstellers folgend, handelt es sich um ein »Hubrettungs-Löschfahrzeug«. Tatsächlich wird das Fahrzeug als Hilfeleistungslöschfahrzeug eingesetzt, und zwar als Ergänzung zu einem ähnlichen HLF ohne Hubrettungssatz. Das Fahrzeug ist exakt auf die Bedürfnisse der Werkfeuerwehr »zugeschnitten« und ausgestattet.

Kranwagen

Größere Berufsfeuerwehren verfügen in der Regel auch über eigene Kranfahrzeuge, für die die Bezeichnung FwK (Feuerwehr-Kran) verwendet wird. In aller Regel handelt es sich um Serienfahrzeuge aus dem industriellen Bereich, die für den Feuerwehreinsatz modifiziert wurden. Drei- und Vierachser, die teilweise über Allradantrieb und zumeist über zwei bis drei lenkbare Achsen verfügen, haben sich seit den 90er Jahren durchgesetzt. Die maximalen Hubkräfte gehen dabei heute bis 70 t. Allerdings wird dieser Rahmen von den Feuerwehren in der Praxis nicht ausgeschöpft, denn die Einscherungen der Kranflaschen ist zumeist nur für geringere Lasten ausgelegt.

Gelegentlich werden die Kranfahrzeuge z. B. auch mit zusätzlichen Geräteräumen oder einer Berge-/Schleppvorrichtung für Lastwagen ausgestattet. Vielfach werden bei Kraneinsätzen Begleitfahrzeuge zum Transport von Anschlagmitteln, Arbeitskorb und dergleichen benötigt, da auf den Kranwagen selbst nicht genügend Stauraum vorhanden ist.

▼ **Mercedes-Benz 1838 8x2/4**, Berge- und Kranfahrzeug, Hüffermann/Fassi, 1996, BF Dresden. Einige Daten: zusätzliche lenkbare Vorlaufachse und angetriebene/ lenkbare Nachlaufachse (damit zGG 36 500 kg); absetzbares, hydraulisch verriegeltes Bergegerät mit Haupthubarm und »Abschleppbrille« (20 t); Hilfs-Seilauszugwinde (1,5 t), Bergewinde (10 t), Hauptwinde (15 t) sowie Frontwinde zur Sicherung und Bergung (7 t); Fassi-Kran (max. 20 t/2,4 m bzw. 0,85 t/24,4 m).

▲ **Liebherr LT 1070/1**, FwK 50,
Liebherr, 1999, BF Nürnberg.
Das Fahrgestell wird auf allen
Achsen angetrieben. Zum
Wenden oder Rangieren bei
beengten Platzverhältnissen
sind auch die beiden Hinter-
achsen lenkbar.

▶ **Tadano-FAUN ATF 60-4**,
FwK 40, Tadano-FAUN, 2004,
BF Hannover. Bei diesem
Fahrzeug, das ein Gesamtgewicht von 48 500 kg auf die
Waage bringt, ist nur die erste Achse nicht angetrieben;
alle Achsen sind lenkbar. Der
Teleskopausleger kann bis
auf 40 m ausgefahren wer-
den, die maximale Ausladung
liegt bei 36 m.

Sonderfahrzeuge für vielfältige Zwecke

Es würde im Rahmen dieses Buches zu weit führen, wollte man die unübersehbare Zahl von Fahrzeugen für besondere Aufgaben beschreiben. Wie so oft bei der Feuerwehr gilt: Es gibt fast nichts, was es nicht gibt! Die nachfolgend gezeigte Auswahl an Sonderfahrzeugen stellt nur einen Querschnitt dar und erhebt keinerlei Anspruch auf Vollständigkeit. Dennoch sprechen die hier gezeigten Fahrzeuge für sich – und für den großen Ideenreichtum, mit dem die Feuerwehren allen nur erdenklichen Gefahren entgegentreten.

▼ **Mercedes-Benz 2544 L**, Tankwagen 14 000 l, Jansky/ Eigenumbau, 1994/Umbau 1999, FF Königswinter, Lg. Oelberg. In Regionen mit unzureichender Löschwasserversorgung setzen Feuerwehren gelegentlich umgebaute Tankfahrzeuge als mobile Zisternen ein; denkbar ist damit auch ein Nachschub-Pendelbetrieb. Bei diesem Fahrzeug handelt es sich um einen ehemaligen Milchtankwagen.

▲ **Mercedes-Benz Actros 3343 AK**, Turbo-Löscher, Zikun, 2005 WF BASF AG, Werk Ludwigshafen. Unter der seitlich aufklappbaren Abdeckung befinden sich zwei vom Alpha-Jet stammende Strahltriebwerke auf einem Baumaschinen-Drehkranz. Vier pneumatisch gesteuerte Strahlrohre dienen der Wasserabgabe. Die Wirkung des »Abgas-Löschfahrzeugs« ist auf dem Bild S. 169 zu sehen.

◄ **Mercedes-Benz 1853 LS**, Tankwagen 25 000 l, Mabo/ Schrader, 1996/Auflieger 1992, WF Merck KGaA, Werk Darmstadt. Fahrzeuge dieser Art werden bei einigen Feuerwehren vorgehalten, um nach Havarien Auffangkapazitäten für umweltschädliche Flüssigkeiten zur Verfügung zu haben. Dieses Fahrzeug wurde zunächst in der Wirtschaft als normales Tankfahrzeug eingesetzt, ehe es nach Umrüstung 2000 zur Feuerwehr kam.

▲ **MAN 33.414 DFA**, Saug-/ Spülwagen, Küller/Wuppertal, 2000, WF Erdöl-Raffinerie Emsland, Lingen. Einsatzbereiche des Fahrzeugs sind Absaugen und Transport von Kohlenwasserstoffen und Chemikalien; eine Hochdruckeinrichtung dient zum Spülen und Reinigen von Leitungen. Das Behältervolumen beträgt 11 000 l, dazu kommt ein Wassertank mit 2500 l.

▼ **MAN 14.284 LA-LF**, Rettungstreppe, Ikarus, 2001, WF Flughafen Nürnberg GmbH. Über die bis auf eine Höhe von 6,1 m teleskopierbare Treppe können auch Innenangriffe im Flugzeug vorgetragen und Geräte herangeführt werden.

▶ **Volk ESW 2**, Mini-VLF, 1991, WF Bosch, Werk Stuttgart. Aus einem im Volksmund »Ameise« genannten Elektrokarren entstand bei Bosch/ Stuttgart dieses besondere kleine und wendige Vorausfahrzeug für den Einsatz in engen Werkhallen und Maschinengassen.

▼ **VW T4**, Behindertentransporter, Kutsenits/Hornstein, 1997, WF Flughafen Stuttgart. Dank Luftfederung auf den Hinterrädern lässt sich das Fahrzeugheck bis auf den Boden absenken und ermöglicht damit Rollstuhlfahrern einen bequemen Einstieg.

▲ **Fiat Ducato 2.5 TDi**, »Hubwagen«, Fahrzeugwerke Falkenried/GmbH/Hamburg, 1996, WF Flughafen Stuttgart. Um erkrankten oder verletzten Personen sowie Rollstuhlfahrern das Verlassen des Flugzeugs besonders schonend zu ermöglichen, verfügt die Feuerwehr am Flughafen Stuttgart über einen Hubwagen mit Kabine und Übergangsbrücke.

▶ **Mercedes-Benz Unimog UX 100**, K-TLF 8/15, H & E, 1999, FF Neustadt/Weinstraße. Für den Einsatz in engen Innenstadtgassen und Parkhäusern dient dieses Fahrzeug, dessen im Aufbau gelagerte Ruberg-Pumpe hydraulisch angetrieben wird. Der Koffer kann bei Bedarf mit einem Gabelstapler nach Trennen der Schlauch- und Kabelverbindungen abgenommen werden.

LÖSCH-CONTAINER
VOLK

FEUERWEHR
112
Freiwillige Feuerwehr
Neustadt a.d. Weinstrasse
UX100
65
FEUERWEHR

▲ **Iveco Daily 35C17, TSF-W**, Magirus, 2005, Vorführwagen. Auf der Messe »Interschutz« 2005 in Hannover präsentierte Magirus diese Sattelzug-Lösung. Derartige Auflieger können auch als Gerätewagen o. Ä. gestaltet werden. Die Zugmaschine kann – mit einer Wechselpritsche oder dergleichen – auch für den Bauhof oder das Grünflächenamt Verwendung finden.

▲ **MAN 26.293 FVLC-NL**, Hilfsgerätewagen Straße/Schiene, Zikun/Spefaka/NEWAG, 1998, Deutsche Bahn AG, Notfallmanagement Augsburg. Nicht direkt ein Feuerwehrfahrzeug, aber damit vergleichbar: Ein nur als Prototyp gebautes Zweiwegefahrzeug mit absetzbarem Aufbau und Heck-Führerstand. Bei Eisenbahnunfällen sollte es auf der Straße bis nahe an die Einsatzstelle fahren, um dann auf die Gleise zu wechseln.

▼ **Mercedes-Benz 1831**, Fahrschule, Spier/Steinheim, 1994, BF Bochum. Das Fahrzeug ist nach Abnehmen der Rundumkennleuchten (bei Prüfungsfahrten) nicht als Feuerwehrfahrzeug zu erkennen. Bei Bedarf steht der Lastzug, der Ladebordwände an Motorwagen und Anhänger aufweist, natürlich für allgemeine Transportaufgaben im Rahmen des Feuerwehrdienstes zur Verfügung.

▲ **Mercedes-Benz Unimog
U 407**, Winterdienstfahrzeug,
1990, FF Aalen. Das Fahrzeug
dient nicht nur zum Räumen
der Hofflächen an den
Gerätehäusern, sondern
kann bei Bedarf auch zum
Abstreuen von Einsatzstellen
(z. B. bei Eisbildung durch
Löschwasser) verwendet
werden.

▲ **Weidemann Radlader 1504
D/M**, »Ölspur-Kehrgerät«, Weidemann, 2001, FF Hürth, Lg.
Hermülheim. Der mit Vorsatz-
Walzen- und -Tellerbesen sowie
»Öltiger«-Hochdrucksprüh-
anlage ausgestattete Radlader
gelangt per Tandemanhänger
zur Einsatzstelle. Er kann auch
mit Gabel für Staplerarbeiten,
Schaufel, Räumschild o. Ä.
ausgestattet werden – alles
Geräte, die bei Feuerwehren
keine Seltenheit sind.

▼ **Hägglunds BV 206**, Raupen-
schlepper mit Wechsel-Kipper,
Hägglunds, 1991, FTZ Jever.
Im Rahmen des Katastrophenschutzes wird dieses Ketten-
fahrzeug von der Feuerwehrtechnischen Zentrale in Jever
für Ölwehreinsätze an der
Küste vorgehalten. Auch in
anderen Orten an der Nord-
und Ostsee gibt es solche
Fahrzeuge. In den 8oer Jahren
besaß die BF Frankfurt ein
ähnliches Gefährt.

ANHANG

Abkürzungen

1/1, 1/2, 1/5, 1/8	Kurzangabe für die Besatzung bzw. Mannschaftsstärke eines Fahrzeugs; die erste Zahl steht jeweils für den Fahrzeugführer, die zweite für die Anzahl der übrigen Besatzungsmitglieder bzw. Fahrzeuginsassen; der Fahrzeugführer ist nicht zu verwechseln mit dem Fahrer (Fahrzeuglenker).
AB	Abrollbehälter, Absetzbehälter (für WLF)
Abt.	Abteilung (in Bayern und Baden-Württemberg gebräuchlich für »Löschgruppe« o. Ä.)
BF	Berufsfeuerwehr
DL	Drehleiter
DLK	Drehleiter mit Korb
DLA(K)	Drehleiter mit automatischer Steuerung (DLAK: mit Korb)
DLS(K)	Drehleiter mit halbautomatischer Steuerung (DLSK: mit Korb)
ELW	Einsatzleitwagen
FF	Freiwillige Feuerwehr
FLF	Flughafenlöschfahrzeug
FP	Feuerlöschpumpe (alte Bezeichnung)
FPN	Feuerlöschpumpe für Normaldruckbetrieb
FPH	Feuerlöschpumpe für Hochdruckbetrieb
FTZ	Feuerwehrtechnische Zentrale (kreiseigene Einrichtungen u. a. in Niedersachsen)
FwK	Feuerwehr-Kran
GFK	glasfaserverstärkter Kunststoff
GM	Gelenkmast
GTLF	Groß-Tanklöschfahrzeug
GW	Gerätewagen
HLF	Hilfeleistungs-Löschgruppenfahrzeug (teilweise auch LHF oder H-LF genannt)
KatS	Katastrophenschutz
KdoW	Kommandowagen
KLAF	Kleinalarmfahrzeug
KLF	Kleinlöschfahrzeug
KTLF	Klein-Tanklöschfahrzeug
LF	Löschgruppenfahrzeug
Lg.	Löschgruppe
Lz.	Löschzug
MTW	Mannschaftstransportwagen
MZF	Mehrzweckfahrzeug
Ofw.	Ortsfeuerwehr (in Niedersachsen für Lz./Lg. gebräuchlich)
RW	Rüstwagen
STA	Schlauchtransportanhänger (in der DDR)
SW	Schlauchwagen
Tf	Trägerfahrzeug (bei WLF)
TGM	Teleskop-Gelenkmast
TLF	Tanklöschfahrzeug
Tr	Truppkabine
TroLF	Trocken-Löschfahrzeug
TroTLF	Trocken-Tanklöschfahrzeug
Ts	Tankspritze
TS	Tragkraftspritze
TSA	Tragkraftspritzenanhänger
TSF	Tragkraftspritzenfahrzeug
TSF-K	Tragkraftspritzenfahrzeug mit Kofferaufbau
TSF-W	Tragkraftspritzenfahrzeug mit Wassertank
TW	Tankwagen
VG	Verbandsgemeinde
VGW	Vorausgerätewagen
VRW	Vorausrüstwagen
WF	Werkfeuerwehr (hier als Sammelbegriff auch für Betriebsfeuerwehren verwendet)
WLF	Wechselladerfahrzeug
zGG	zulässiges Gesamtgewicht
ZLF	Zumischerlöschfahrzeug (oft auch SLF genannt)

Zu den Fahrzeugbezeichnungen

Die in diesem Buch angewandten Fahrzeugbezeichnungen bei Löschfahrzeugen, die keine Normfahrzeuge sind, erfolgen zum Teil abweichend von den Herstellerangaben nach folgendem Schema: Fahrzeug-Kürzel + 1 % der Pumpenleistung / 1 % vom Löschwasservorrat – 1 % vom Schaummittelvorrat – P + Pulvervorrat.

Demzufolge handelt es sich z. B. bei einem TroTLF 24/30-2-P 1000 um ein Trocken-Tanklöschfahrzeug mit einer Pumpenleistung von 2400 l/min (ob bei 8 oder 10 bar bleibt offen), einem Wassertank von 3000 l Inhalt, einem Schaummitteltank von 200 l Inhalt und einem Pulvervorrat von 1000 kg. Lediglich bei Fahrzeugen, die kein Wasser mit sich führen (Schaumlöschfahrzeug SLF oder Zumischerlöschfahrzeug ZLF) rückt die Angabe »Schaummittelvorrat« an die Stelle »Löschwasservorrat«: Ein ZLF 48/50 ist demzufolge ein Zumischerfahrzeug mit einer Pumpenleistung von 4800 l/min (bei 8 oder 10 bar) und einem Schaummittelvorrat von 5000 l.

Die Bezeichnung von Drehleitern in diesem Buch entspricht mit Nennrettungshöhe/Nennausladung (jeweils in m) den genormten Angaben. Bei Teleskop-Gelenkmasten und dergleichen wird nach dem Kürzel die Nennrettungshöhe (in m) angegeben.

Bei Feuerlöschkreiselpumpen schließen sich an das alte Kürzel FP als charakterisierende Angaben 1 % der Nennförderleistung sowie der Nennförderdruck an die Bezeichnung an. Demzufolge handelt es sich bei einer FP 16/8 um eine Feuerlöschkreiselpumpe, die eine Nennförderleistung von 1600 l/min bei einem Nennförderdruck von 8 bar bietet (in der Regel wird eine geodätische Saughöhe von 3 m angenommen).

Im Zuge der Europäisierung der Bezeichnungen wurde eine neue Bezeichnungsweise eingeführt. Seither gilt: An das Kürzel FP wird N für »Normabdruckbetrieb« oder H für »Hochdruckbetrieb« angehängt; daran schließen sich an der Nennförderdruck (in aller Regel heute 10 bar bei Normaldruckbetrieb) und die Nennförderleistung. Beispiel: Bei einer FPN 10-2000 handelt es sich um eine Normaldruck-Feuerlöschkreiselpumpe, die bei einem Nennförderdruck von 10 bar 2000 l/min fördert (wieder wird eine geodätische Saughöhe von 3 m angenommen).

Danksagung

Der Verfasser bedankt sich bei allen, die mit Informationen und Bildmaterial zum Gelingen dieses Buches beigetragen haben. Insbesondere verdienen die Mitglieder der Yahoo-Newsgroup »Fahrzeuge der Feuerwehr« Erwähnung, die mich bei der Beantwortung zahlreicher Detailfragen unterstützten.

Quellenangaben

A. Johanßen, Fahrzeuge der Feuerwehr, Bd. 1 (1997) bis 8 (2006); div. Verlage, Bd. 9: FdFw-Verlag, Köln

A. Johanßen, Deutsche Feuerwehrfahrzeuge aller Zeiten; Podszun-Verlag, Brilon

W. Oswald/M. Gihl, Fahrzeuge der Feuerwehr und des Rettungsdienstes; Motorbuch Verlag, Stuttgart

M. Gihl, Geschichte des dt. Feuerwehr-Fahrzeugbaus, Band 2; Kohlhammer-Verlag, Stuttgart

F.-H. Jäger, div. Bände aus der Reihe »Feuerwehr-Archiv«; Verlag Technik, Berlin

Feuerwehr-Magazin, »Fahrzeuge-Spezial«, Ausgaben 98/99, 01/02, 2006; Ebner Verlag, Bremen

W. Hamilton, Handbuch für den Feuerwehrmann; Boorberg, Stuttgart u. a.

R. Merlau, Florian Flughafen 61 – Die Feuerwehren auf Frankfurt Rhein-Main; RMM Verlag, Geiselbach

W. Rotter/J. Thorns, Feuerwehrfahrzeuge auf Flughäfen in Deutschland; Podszun-Verlag, Brilon

H.-J. Profeld, Die Feuerwehr München und ihre Fahrzeuge, Band 2, EOS Verlag, St. Ottilien

M. Steinbock, Rosenbauer-Sonderlöschfahrzeuge in Deutschland; Podszun-Verlag, Brilon

Diverse Unterlagen und Aufzeichnungen aus dem Archiv des Verfassers

Register

Fett gesetzte Seitenzahlen verweisen auf
Abbildungen.

Über den Autor

Axel Johanßen arbeitet als freier Journalist und Bild-
autor in Gummersbach. Seit 1993 veröffentlichte er
zahlreiche Bücher über Feuerwehrfahrzeuge und be-
treut die von ihm herausgegebenen Buchreihe »Fahrzeuge der Feuerwehr«. Sein Bildarchiv umfasst rund
60 000 Aufnahmen zu den Fachgebieten Feuerwehrfahrzeuge, Nutzfahrzeuge, Eisenbahnanlagen und
Schienenfahrzeuge.

Hinweis

Die Ratschläge in diesem Buch sind von dem Autor
und vom Verlag sorgfältig erwogen und geprüft, dennoch kann eine Garantie nicht übernommen werden.
Eine Haftung des Autors bzw. des Verlags und seiner
Beauftragten für Personen-, Sach- und Vermögens-
schäden ist ausgeschlossen.

Impressum

© 2012 by Bassermann Verlag, einem Unternehmen
der Verlagsgruppe Random House GmbH, 81673
München

Die Verwertung der Texte und Bilder, auch aus-
zugsweise, ist ohne Zustimmung des Verlags
urheberrechtswidrig und strafbar. Dies gilt auch für
Vervielfältigungen, Übersetzungen, Mikroverfilmung
und für die Verarbeitung mit elektronischen Systemen.

Projektleitung: Dr. Iris Hahner
Herstellung: Sonja Storz
Abbildungen:
Alle Fotos stammen von Axel Johanßen mit
Ausnahme Seite 151 oben links (Thomas Spring-
mann, Lahr/Schwarzwald)
Umschlaggestaltung und -konzeption:
Atelier Versen, Bad Aibling, unter Verwendung von
Fotos von Axel Johanßen
Layout: Berliner Buchwerkstatt, Britta Dieterle
Gesamtproducing :
Redaktion: Redaktionsbüro Joachim Mayer
für Berliner Buchwerkstatt
Produktion: Berliner Buchwerkstatt, Britta Dieterle

Verlagsgruppe Random House FSC®-DEU-0100
Das für dieses Buch verwendete FSC®-zertifizierte
Papier *LuxoArt Samt* liefert Papyrus, Deutschland.

Druck und Bindung: Neografia, Martin
Printed in Slovakia

ISBN 978-3-8094-3028-5

121750107X817 2635 4453 6271